KB178833

과학공화국 화학법정

3

물질의 성질

과학공화국 화학법정 3

물질의 성질

초판 1쇄 발행일 | 2007년 3월 26일
초판 19쇄 발행일 | 2022년 10월 17일

지은이 | 정완상
펴낸이 | 정은영

펴낸곳 | (주)자음과모음
출판등록 | 2001년 11월 28일 제2001-000259호
주소 | 10881 경기도 파주시 회동길 325-20
전화 | 편집부 (02)324-2347 경영지원부 (02)325-6047
팩스 | 편집부 (02)324-2348 경영지원부 (02)2648-1311
e - mail | jamoteen@jamobook.com

ISBN 978-89-544-1364-0 (04430)

과학공화국 화학법정

3 물질의 성질

정완상(국립 경상대학교 교수) 지음

㈜자음과모음

생활 속에서 배우는 기상천외한 과학 수업

화학과 법정, 이 두 가지는 전혀 어울리지 않은 소재들입니다. 그리고 여러분에게 제일 어렵게 느껴지는 말들이기도 하지요. 그럼에도 불구하고 이 책의 제목에는 분명 '화학법정' 이라는 말이 들어 있습니다. 그렇다고 이 책의 내용이 아주 어려울 거라고 생각하지는 마세요.

저는 법률과는 무관한 과학을 공부하는 사람입니다. 하지만 '법정' 이라고 제목을 붙인 데에는 이유가 있습니다.

이 책은 우리의 생활 속에서 일어나는 여러 가지 재미있는 사건을 다루고 있습니다. 그리고 과학적인 원리를 이용해 사건들을 차근차근 해결해 나간답니다. 그런데 크고 작은 사건들의 옳고 그름을 판단하기 위한 무대가 필요했습니다. 바로 그 무대로 법정이 생겨나게 되었답니다.

왜 하필 법정이냐고요? 요즘에는 〈솔로몬의 선택〉을 비롯하여 생활 속에서 일어나는 사건들을 법률을 통해 재미있게 풀어 보는 텔레비전 프로그램들이 많습니다. 그리고 그 프로그램들이 재미없다고 느껴지지도 않을 겁니다. 사건에 등장하는 인물들이 우스꽝스럽고, 사건을 해결하는 과정도 흥미진진하기 때문입니다. 〈솔로몬의 선택〉이 법률 상식을 쉽고 재미있게 얘기하듯이, 이 책은 여러분의 화학 공부를 쉽고 재미있게 해 줄 것입니다.

여러분은 이 책을 읽고 나서 자신의 달라진 모습에 놀랄 겁니다. 과학에 대한 두려움이 싹 가시고, 새로운 문제에 대해 과학적인 호기심을 보이게 될 테니까요. 물론 여러분의 과학 성적도 쑥쑥 올라가겠죠.

끝으로 이 책을 쓰는 데 도움을 준 (주)자음과모음의 강병철 사장님과 모든 식구들에게 감사를 드리며, 스토리 작업에 참여해 주말도 없이 함께 일해 준 조민경, 강지영, 이나리, 김미영, 도시은, 윤소연, 강민영, 황수진, 조민진 양에게도 감사를 드립니다.

진주에서

정완상

목차

케미 변호사

화학법정의 탄생

지구의 작은 나라 과학공화국에는 과학을 좋아하는 사람들이 모여 살고 있었다. 과학공화국 인근에는 음악을 사랑하는 사람들이 사는 뮤지오 왕국과 미술을 사랑하는 사람들이 사는 아티오 왕국, 공업을 장려하는 공업공화국 등 여러 나라가 있었다.

과학공화국 사람들은 다른 나라 사람들에 비해 과학을 좋아했지만 과학의 범위가 넓어 물리를 좋아하는 사람이 있는가 하면 화학을 좋아하는 사람도 있었다.

특히 과학 중에서 환경과 밀접한 관련이 있는 화학의 경우 과학공화국의 명성에 걸맞지 않게 국민들의 수준이 그리 높은 편이 아니었다. 그래서 공업공화국의 아이들과 과학공화국의 아이들이 화학 시험을 치르면 오히려 공업공화국 아이들의 점수가 더 높게 나타나기도 했다.

최근에는 과학공화국 전체에 인터넷이 급속도로 퍼지면서 게임에 중독된 아이들의 화학 실력이 기준 이하로 떨어졌다. 그것은 직접 실험을 하지 않고 인터넷을 통해 모의실험을 하기 때문이었다. 그러다 보니 화학 과외나 학원이 성행하게 되었고, 아이들에게 엉터리 내용을 가르치는 무자격 교사들도 우후죽순 나타나기 시작했다.

화학은 일상생활의 여러 문제에서 만나게 되는데 과학공화국 국민들의 화학에 대한 이해가 떨어지면서 곳곳에서 분쟁이 끊이지 않았다. 마침내 과학공화국의 박과학 대통령은 장관들과 이 문제를 논의하기 위해 회의를 열었다.

"최근의 화학 분쟁들을 어떻게 처리하면 좋겠소?"

대통령이 힘없이 말을 꺼냈다.

"헌법에 화학 부분을 추가하면 어떨까요?"

법무부 장관이 자신 있게 말했다.

"좀 약하지 않을까?"

대통령이 못마땅한 듯이 대답했다.

"그럼 화학으로 판결을 내리는 새로운 법정을 만들면 어떨까요?"

화학부 장관이 말했다.

"바로 그거야! 과학공화국답게 그런 법정이 있어야지. 그래, 화학 법정을 만들면 되는 거야. 법정에서의 판례들을 신문에 게재하면 사람들이 더 이상 다투지 않고 자신의 잘못을 인정하게 될 거야."

대통령은 매우 흡족해했다.

"그럼 국회에서 새로운 화학법을 만들어야 하지 않습니까?"

법무부 장관이 약간 불만족스러운 듯한 표정으로 말했다.

"화학적인 현상은 우리가 직접 관찰할 수 있습니다. 방귀도 화학적인 현상이지요. 그것은 누가 관찰하건 간에 같은 현상으로 보이게 됩니다. 그러므로 화학법정에서는 새로운 법을 만들 필요가 없습니다. 혹시 새로운 화학 이론이 나온다면 모를까……."

화학부 장관이 법무부 장관의 말을 반박했다.

"나도 화학을 좋아하긴 하지만, 방귀는 왜 뀌게 되고 왜 그런 냄새가 나는 걸까?"

대통령은 벌써 화학법정을 두기로 결정한 것 같았다. 이렇게 해서 과학공화국에는 화학적으로 판결하는 화학법정이 만들어지게 되었다.

초대 화학법정의 재판장은 화학에 대한 책을 많이 쓴 화학짱 박사가 맡게 되었다. 그리고 두 명의 변호사를 선발했는데 한 사람은 대학에서 화학을 공부했지만 정작 화학에 대해서는 깊게 알지 못하는 40대의 화치 변호사였고, 다른 한 사람은 어릴 때부터 화학 영재 교육을 받은 화학 천재인 케미 변호사였다.

이렇게 해서 과학공화국의 사람들 사이에서 벌어지는 화학과 관련된 많은 사건들이 화학법정의 판결을 통해 깨끗하게 마무리될 수 있었다.

제1장

물질의 성질에 관한 사건

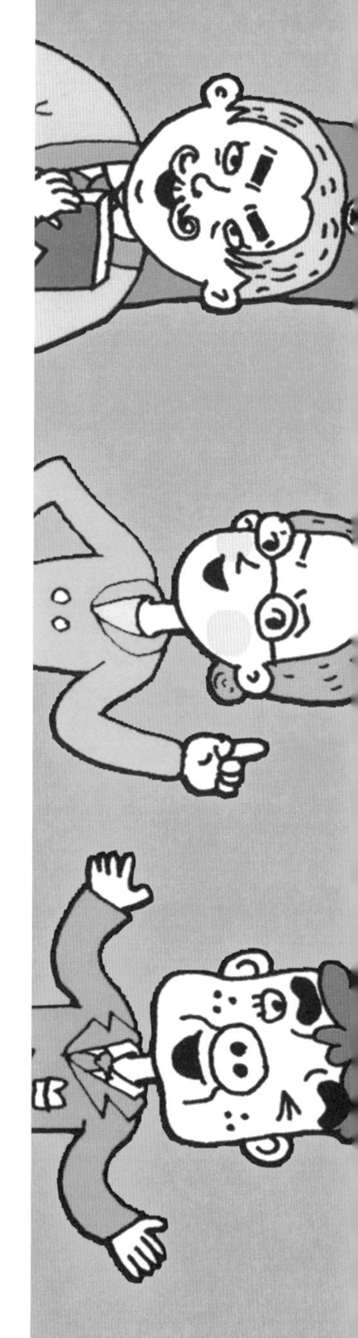

도깨비불 소동

도깨비불은 미스터리일까요,
과학으로 밝혀 낼 수 있을까요?

"골인!"

후반전이 얼마 남지 않을 무렵, 똘똘이의 발을 떠난 공이 그대로 그물로 빨려들었다. 멋진 골이었다. 아이들은 똘똘이에게 달려가 축하라도 해 주려고 했지만 녀석은 그림자조차 찾아볼 수 없었다.

"똘똘이 녀석, 시합하다 말고 어디 간 거야?"

"또 하늘이 따라간 거 아냐?"

"하늘이라면 정신을 못 차리니."

모두 똘똘이를 찾았지만 똘똘이는 어디에도 보이지 않았다. 한편 똘똘이는 후반전 17분을 남겨 놓고 집으로 뛰어 들어와 텔레비전 앞에 앉았다. 한 번도 놓치지 않고 보아 온 프로그램을 시청하기 위해서이다. 다행히 이제 막 방송이 시작된 것 같았다.

"오예! 역시 난 이 프로그램과 통하는 게 있어. 시작한다, 시작한다."

진행자가 오늘 들려줄 내용을 소개했다.

"밤마다 도깨비불이 나타난다는 호러마을의 한 폐가, 과연 진실일까요?"

깊은 산골 마을인 호러마을의 어느 폐가에 밤마다 도깨비불이 나타난다고 했다. 마을 사람들은 밤만 되면 불안에 떨었고, 심지어 무슨 일이 생길까 봐 저녁 7시 이후로는 외출도 삼갔다. 마을 사람들은 입을 모아 말했다.

"해만 지면 나다닐 수가 없어요. 언제 도깨비불을 만날지 모르니까요."

"마늘에 십자가에 안 들고 다니는 게 없지만 무서운 건 어쩔 수 없더라고요."

평소 귀신을 믿지 않는 똘똘이는 이 도깨비불 소동 또한 귀신이 아닌 다른 원인이 있을 것이라 추측했다. 그러나 〈TV특종 놀라운 이런 일이〉에서는 이 사건을 미스터리로 결론지어 버렸다.

찜찜한 것을 참지 못하는 명탐정 똘똘이는 띨띨이와 함께 호러마을을 찾아갔다. 똘똘이는 먼저 도깨비불이 나타난다는 폐가에

CCTV를 설치했다.

"띨띨 조수, 그쪽 상황은 어떤가?"

"쪼아."

"야 장난하지 말고."

"그래도 쪼아."

다음으로 그들은 그 폐가의 토양, 공기, 물의 상태를 면밀히 살펴보았다. 한참 동안 CCTV를 쳐다보던 띨띨이는 이미 꾸벅꾸벅 졸고 있었다. 똘똘이도 졸음이 몰려왔다. 하지만 똘똘이의 추측은 맞아떨어졌다.

"띨띨아, 띨띨아, 일어나 봐."

"아함, 뭐야? 한참 성실이를 만나고 있었는데……."

"헛소리 말고 이것 좀 봐."

"어? 이거 가짜잖아! 에이, 그럼 방송에서 거짓말한 거야?"

의지의 한국인 똘똘이는 방송에서 말한 도깨비불은 진짜가 아님을 알아냈다. 똘똘이는 한 번도 빼놓지 않고 보던 이 프로그램의 성의 없는 방송 내용에 실망하지 않을 수 없었다. 제대로 조사해 보지도 않고 단지 흥밋거리를 위해 이런 내용을 내보낸 방송국에 배신감이 들었다. 똘똘이는 무엇보다 의리를 중요하게 생각했다. 실망감을 감출 수 없었던 똘똘이는 〈TV특종 놀라운 이런 일이〉를 화학법정에 고소했다.

빈 티백에 불을 붙이면 티백의 위쪽 공기는 뜨거워지고 반대로 아래쪽은 차가워져 아래서 위로 흐르는 공기의 흐름이 생깁니다. 이 흐름이 불붙은 티백을 위로 올라가게 합니다.

여기는 화학법정

도깨비불은 왜 만들어졌을까요?
화학법정에서 알아봅시다.

재판을 시작합니다. 먼저 피고 측 변론하세요.

도깨비나 유령은 과학적이지는 않지만 있을 수 있는 것입니다. 그걸 꼭 과학적으로만 따져야 할까요? 이번 사건은 우리 법정에는 어울리지 않는 것 같습니다.

화치 변호사다운 변론이군요. 원고 측 변론하세요.

비록 나이는 어리지만 과학적 호기심으로 똘똘 뭉친 똘똘 군을 증인으로 채택합니다.

누가 봐도 똘똘해 보이는 초등학교 5학년 정도의 남학생이 증인석에 앉았다.

똘똘 군은 이번 도깨비불이 미스터리가 아니라 과학적으로 설명할 수 있는 일이라고 주장했는데 사실인가요?

예.

어떤 근거로 그런 이야기를 한 거죠? 방송국에는 똘똘 군보다 아는 것도 많고 나이도 많은 어른들이 있는데…….

나이가 많다고 과학적으로 정확한 결론을 내리는 것은 아니라고 생각합니다.

허, 당찬 소년이군! 좋아요. 그럼 똘똘 군이 내린 도깨비불의 정체는 뭐죠?

티백입니다.

티백이라면 비닐 주머니 같은 거?

예. 맞습니다.

그거랑 도깨비불이랑 어떤 관계가 있죠?

빈 티백에 불을 붙이면 그 위의 공기는 뜨거워집니다.

공기가 뜨거워지면 뭐가 달라지나요?

밀도가 달라집니다.

밀도가 뭐죠?

밀도는 질량을 부피로 나눈 값입니다. 물질이 얼마나 무거운지 가벼운지를 나타내는 양이죠.

그건 무게 아닙니까?

아닙니다! 솜이 무거운가요, 쇠가 무거운가요?

지금 저를 뭘로 보는 겁니까? 당연히 쇠가 무겁지요.

솜이 더 무거울 수도 있습니다.

그게 무슨 말이죠?

솜도 엄청 많이 모아 부피를 크게 만들면 쇠보다 무거워질 수 있습니다. 예를 들어 솜 1킬로그램은 100그램짜리 쇠구슬보다 무겁지요.

그렇군요.

그래서 과학자들은 똑같은 부피를 취해 질량을 재서 어느 물질이 무거운가를 따지게 되었는데 그게 바로 밀도이지요.

아하! 그래서 질량을 부피로 나눈 밀도를 정의한 거군요. 그런데 왜 뜨거워지면 공기의 밀도가 달라지지요?

공기는 기체입니다. 기체는 뜨거워지면 부피가 팽창하는 성질이 있지요. 그러니까 질량은 그대로인데 부피가 커졌으니까 밀도는 낮아지는 것입니다.

밀도가 낮아지면 어떻게 되나요?

더운 공기는 밀도가 낮아서 위로 뜨게 되지요. 반대로 차가운 공기는 밀도가 공기보다 높아서 아래로 가라앉고요. 그러니까 티백에 불을 붙이면 티백의 위쪽 공기는 계속 뜨거워지고 아래쪽은 차가워지므로 아래서 위로 흐르는 공기의 흐름이 생깁니다. 이 흐름이 불붙은 티백을 위로 올라가게 하는 것이지요.

아니, 그렇게 과학적인 뜻이?

케미 변호사 썰렁합니다. 더 할 말 없죠?

예.

판결합니다. 방송국이라는 곳이 초등학생도 알 수 있는 과학적 사실을 확인조차 않고 방송을 하는 현실이 안타깝습니다. 이번 사건을 통해 시청자들에게 신뢰감을 주는 방송을 위해서는 먼저 정확한 과학적 사실이 밑바탕이 되어야 한다는 사실을 깨닫게 되었으리라 생각합니다. 따라서 각 방송국에 과학을 전공한 사람을 반드시 두도록 하는 법률을 제안하겠습니다.

재판이 끝난 후 화학법정에서 제안한 법률이 과학공화국의 의회에서 의결되었다. 이후 모든 방송국에서는 과학을 전공한 사람을 일정 비율 이상 두어야 했다.

 티백이 떠오르는 것과 같은 원리로 떠오르는 것이 있답니다

열기구

하늘을 날고 싶은 인간의 꿈을 실현하는데 도움을 준 최초의 도구는 바로 열기구이다. 열기구를 처음 발명한 사람은 1783년 프랑스의 몽골피에 형제로, 종이나 나무 등을 태워 얻은 뜨거운 공기를 종이 주머니에 넣어 하늘로 떠오를 수 있게 한 것이었다.

공기를 가열하여 온도를 높여 주면 부피가 증가해서 밀도가 감소하므로, 온도를 계속 상승시키면 주변의 공기보다 가벼운 기체와 같은 효과를 낼 것이라고 생각했고, 이 원리를 이용해 만든 것이 바로 열기구이다.

곧, 더운 공기가 찬 공기보다 가벼워진다는 사실이 바로 열기구의 가장 중요한 원리이다. 더워진 공기를 자세히 들여다보면 공기의 분자가 운동에너지를 많이 갖게 되어 공기 분자들 간에 충돌이 많아지면서 서로의 거리가 멀어진다. 따라서 같은 부피 내에서 찬 공기보다 더운 공기의 무게가 작아지게 된다. 즉 더운 공기의 밀도가 찬 공기의 밀도보다 작게 되기 때문에 무거운 찬 공기는 아래로 내려가려 하고 가벼운 더운 공기는 위로 가려는 성향을 가지고 있다.

열기구는 공기 주머니에 공기를 가두어 놓고 그 공기를 불로 달구어 덥게 만들면 열기구 안에 있는 더운 공기는 주변 찬 공기보다 가벼워 위로 올라가게 되므로 위로 떠오르게 되는 것이다.

컬러 비눗방울의 비밀

바늘로 찔러도 터지지 않는
알록달록 예쁜 비눗방울을 만들 수 있을까요?

송꺼벙은 새로나온 것은 무엇이든 해 봐야 했다. 그런 송꺼벙에게 문방구는 뿌리칠 수 없는 유혹이었다.

오늘도 송꺼벙은 친구들과 함께 집으로 돌아가고 있었다. 하지만 어느새 친구들은 하나 둘 사라지고 송꺼벙만이 '색다른 문방구' 앞에서 한참을 서 있었다. 지나가던 개가 그 모습을 보다 못해 "멍!" 하고 외치고 나서야 송꺼벙은 자기가 문방구 앞에 한참 동안 서 있었다는 것을 알았다.

그냥 집으로 갈까 말까 망설이던 송꺼벙은 결국 유혹을 뿌리치지 못하고 문방구 안으로 들어갔다.

"아저씨, 이 비눗방울이 진짜 울트라 캡숑 컬러 비눗방울이 맞아요?"

송꺼벙은 비눗방울 통을 만지작거리며 물었다.

"그럼. 이게 그 정의의 울트라맨도 울고 갔다는 신비의 화소를 자랑하는 비눗방울이지."

"얼마예요?"

"2천 원."

"헉!"

송꺼벙의 머릿속에서는 생각이 마구마구 뒤엉키기 시작했다.

'엄마가 집에 오는 길에 콩나물 2천 원어치 사 오랬는데……. 아니야! 한 번 사는 인생 난 즐겁게 살고 싶다고. 어떡하지…… 그래, 결심했어! 엄마한테 맞아 죽더라도 난 내 길을 택하겠어!'

"아저씨, 비눗방울 하나 주세요."

결국 송꺼벙은 컬러 비눗방울을 사들고 룰루랄라 휘파람을 불며 문방구를 나섰다.

"이젠 나도 컬러 비눗방울을 만들 수 있어. 음화화화."

그러나 친구들을 불러 모아 놓고 설레는 마음으로 비눗방울을 불던 송꺼벙은 실망감과 당혹스러움에 휩싸였다. 기대했던 대로 색색깔의 예쁜 비눗방울이 만들어지지 않았던 것이다.

"송꺼벙 너 바보 아냐?"

"이게 어디 컬러 비눗방울이란 말야?"

친구들에게 놀림을 당하고 울면서 집으로 돌아온 송꺼벙은 엄마에게 오늘 있었던 일을 들려주었다.

아들의 이야기를 들은 엄마는 어린아이의 순수한 마음을 이용해서 물건을 판 문방구 주인이 괘씸했다. 그래서 송꺼벙의 엄마는 색다른 문방구 주인을 사기죄로 화학법정에 고소했다.

비눗방울의 표면은 여러 가지 색깔의 얇은 막으로 되어 있는데,
막대기로 건드리면 공기의 저항과 압력이 달라지면서
컬러 비눗방울이 만들어집니다.

비눗방울이 여러 가지 색깔을 띠는 원리는 뭘까요?

화학법정에서 알아봅시다.

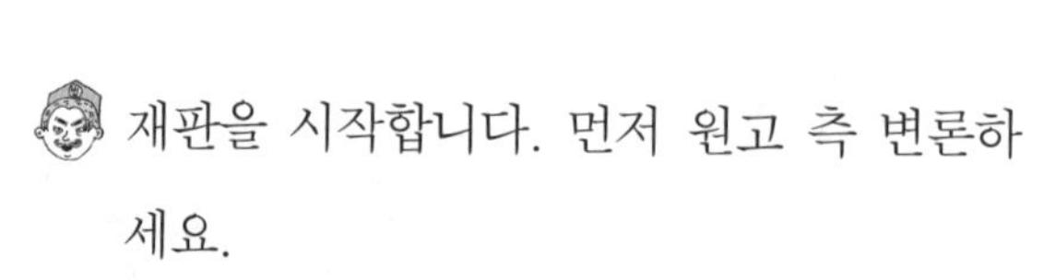

재판을 시작합니다. 먼저 원고 측 변론하세요.

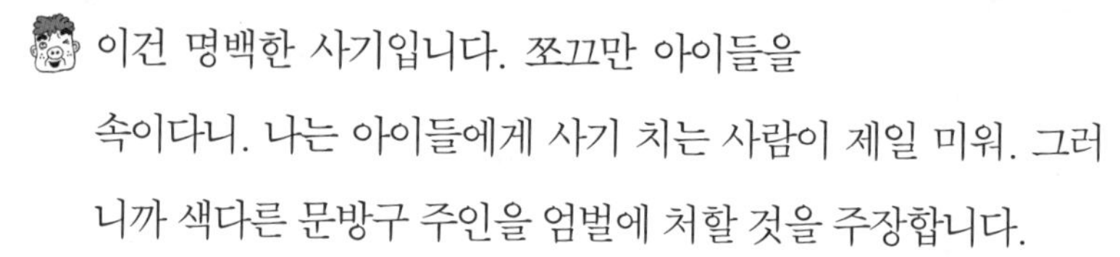

이건 명백한 사기입니다. 쪼끄만 아이들을 속이다니. 나는 아이들에게 사기 치는 사람이 제일 미워. 그러니까 색다른 문방구 주인을 엄벌에 처할 것을 주장합니다.

아직 사기인지 모르지 않습니까?

여러 색깔이 안 만들어졌으니까 사기이지요.

흠, 피고 측 변론하세요.

색다른 문방구의 주인을 증인으로 요청합니다.

아이들에게 친절하게 대할 것처럼 보이는 인자한 인상의 아저씨가 증인석에 앉았다.

왜 당신은 가짜 컬러 비눗방울을 팔았죠?

가짜라니요?

컬러가 아니지 않습니까?

설명서대로 하지 않아서 그럴 것입니다.

좀 더 자세히 설명해 주세요.

설명서에 분명히 비눗방울을 조그만 막대기로 건드리라고 했습니다.

그럼 정말 컬러 비눗방울이 되나요?

물론이죠. 하지만 보통의 비눗물로 만든 것은 잘 터지니까 안 됩니다.

그럼 어떤 걸로?

물과 세제에 글리세린을 넣고 물엿을 조금 넣은 것으로 만든 비눗방울을 사용해야 합니다.

그건 왜죠?

비눗방울이 둥글게 만들어지는 것은 표면 장력 때문입니다. 표면 장력은 액체의 표면이 스스로 수축하여 가능한 한 작은 면적을 취하려는 힘을 말하지요. 그런데 비눗방울에 글리세린을 넣으면 점성이 높아지면서 표면 장력이 커집니다. 그러면 비눗방울이 단단해지고 바늘을 꽂아도 잘 터지지 않을 정도가 되지요.

그럼 다시 본론으로 돌아가서 왜 막대기로 건드리면 색깔이 변하지요?

비눗방울의 표면은 여러 가지 색의 얇은 막으로 되어 있습니다. 그런데 막대기로 건드리면 공기의 저항과 압력이 달라지면서 모양이 변하게 되지요.

모양이 변하는 것과 색깔이 달라지는 것은 어떤 관계가 있나요?

비눗방울의 모양이 달라지면 빛의 반사 각도가 달라져서 비눗방울이 여러 가지 색으로 변하게 되거든요.

아하! 그렇군요. 들으셨죠? 재판장님, 이번 사건은 사기가 아니라 과학이었습니다.

알겠습니다, 케미 변호사. 너무 흥분하지 마세요. 판결합니다. 이번 재판은 더 이상 진행할 필요가 없어 보입니다. 증인의 말처럼 설명서대로만 했더라면 컬러 비눗방울이 되었을 테니까요.

재판이 끝난 후 송꺼벙의 엄마는 문방구 주인에게 설명서를 제대로 읽지 않고 사기로 몰아붙인 것에 대해 사과했다. 문방구 주인은

비눗방울이 만들어지는 원리

물만으로는 비눗방울을 만들 수 없다. 그 첫 번째 이유는 물이 너무 빨리 증발해 방울의 벽이 얇아지기 때문이며, 적은 양의 물로 표면적이 넓어지는 것이 어렵다는 것이 그 두 번째 이유이다. 즉 비눗방울을 만들기 위해서는 어느 정도의 표면적이 필요하고, 이를 위해서는 상당한 힘이 필요한데 이것을 표면에너지라고 한다. 물은 서로 달라붙어서 되도록 작게 뭉치려는 성질이 있는데 이 표면장력 때문에 물만으로는 방울을 크게 만들 수 없는 것이다.
비누 분자의 구성을 살펴보면 한쪽 끝은 물속에 있는 원자를 끌어당기고 다른 한쪽은 정반대의 성질을 가지고 있다. 따라서 물과 섞이면 비누 분자의 한쪽 끝은 물 분자 사이를 비집고 들어가 물 분자와 결합하고, 물을 싫어하는 다른 쪽 끝은 물 분자 밖으로 빠져나오게 된다. 그 결과, 표면의 물 분자 사이가 멀어지고 표면 장력이 줄어들게 되어 크고 둥근 비눗방울이 만들어지는 것이다.

그럴 수도 있다며 사과를 받아들였고 얼마 후 자신의 컬러 비눗방울로 특허를 냈다. 그는 그렇게 번 많은 돈으로 아이들을 위한 여러 가지 이벤트를 벌였고 아이들의 사랑을 한 몸에 받았다.

설탕이 많이 남아요

설탕을 많이 넣으면 넣을수록 단맛이 더 강해질까요?

최홍순 씨는 골리앗 카페에서 이틀째 아르바이트를 하고 있었다. 골리앗 카페의 주인인 손호빗 씨는 최홍순 씨의 덩치에 지레 겁을 먹고는 일단 고용하긴 했지만 최홍순 씨의 일 처리에 대한 불만이 이만저만이 아니었다.

'쨍그랑~.'

"고릴리 킹콩 왕같이 생겨서는 손만 닿았다 하면 사고야."

혹시 이 말도 최홍순 씨가 들을세라 큰 소리로 하지는 못하고 혼잣말로 중얼거렸다.

최홍순 씨의 손에 닿기만 하면 물건들이 부서지고 깨어졌다. 이틀

동안 파손된 물건들이 어림잡아 한 트럭이었다.

'이대로 가다간 저 녀석이 우리 카페를 말아먹겠어. 기회 봐서 해고해 버려야지!'

사흘째 접어들자 최홍순 씨가 생각보다 여리다는 것을 알게 되었다. 최홍순 씨의 성격이 나긋나긋하다는 것을 안 손호빗 씨는 이제 그를 내쫓을 기회만 엿보고 있었다.

"최홍순 씨, 옷이 그게 뭡니까?"

"봄이잖아요. 멋 좀 부려 봤어요. 최신 유행하는 왕 벨트 미니스커트예요."

"음……."

늘 이런 식으로 최홍순 씨는 카페 주인의 말문을 막히게 했다. 자기 나름대로는 신경을 쓴 것이라고 하니 달리 할 말이 없었다.

그러던 어느 날, 손호빗 씨는 손님이 먹고 남은 냉커피 잔에 설탕이 한가득 쌓여 있는 것을 발견했다. 손이 큰 최홍순 씨가 엄청난 양의 설탕을 한 잔의 커피 속에 몽땅 쏟아 부은 것이었다. 손호빗 씨는 분통이 터졌다.

'이건 숫제 삽으로 설탕을 들이부었네.'

그는 화가 부글부글 치밀어 올랐다. 이렇게 많은 양의 설탕이 들어간 커피를 마신 손님이 골리앗 카페를 다시 찾을 리 없었기 때문이다.

하지만 곧 이번이 최홍순 씨를 쫓아낼 절호의 기회일지도 모른다고 생각했다. 손님들은 항의를 하는 대신 다시는 이 가게를 찾지 않는 것으로 벌을 주는 경향이 있다. 그 날 이후 정말로 골리앗 카페를 찾는 손님들의 발길이 눈에 띄게 줄어들었다.

"최홍순 씨, 미안하지만 내일부터는 카페에 나오지 않으셔도 됩니다."

손호빗 씨는 어렵게 말문을 열었다.

"어머, 지금 저를 해고하는 시추에이션? 대체 왜요?"

아무런 잘못을 한 게 없는데 주인이 자신을 해고한다는 듯 최홍순 씨는 아주 억울한 표정을 지었다. 모르는 사람이 보면 손호빗 씨가 최홍순 씨를 때리기라도 하는 듯한 모습이었다.

"최홍순 씨가 카페에 나온 이후로 우리 가게에 남아나는 물건이 없지 않습니까?"

"그건, 전 정말 조심해서 다루지만 그릇들이 워낙 약해서 그런 거예요. 전 정말 억울해요. 흑흑흑."

"그뿐만이 아니죠."

사감 선생님 안경을 쓴 손호빗 씨는 눈을 내리깔며 차분하게 이야기했다.

"커피에 설탕을 너무 많이 넣어서 설탕물이 되어 버리잖아요."

"그건 무슨 소리예요? 전 정해 준 대로 넣었을 뿐이에요. 정말 너무하시는군요."

매우 서럽게 우는 최홍순 씨를 보자 손호빗 씨는 할 말을 잃고 말았다. 최홍순 씨는 자신의 잘못을 전혀 알지 못했을 뿐만 아니라 인정하려 들지도 않았다. 오히려 자신은 피해자라며 화학법정에 도움을 요청하겠다고 말했다.

"내가 이 말까지는 안 하려 했는데, 너 정말 비호감이야."

머리끝까지 화가 난 손호빗 씨가 말했다.

이렇게 해서 이 사건은 화학법정으로 넘어가게 되었다.

설탕을 용해도 이상으로 넣으면 나머지는
녹지 않고 바닥에 가라앉습니다. 20도의 물 100그램에
녹을 수 있는 설탕의 양은 204그램입니다.

용해도란 무엇일까요?
화학법정에서 알아봅시다.

재판을 시작합니다. 먼저 최홍순 씨 측 변호인 변론하세요.

설탕은 물에 잘 녹습니다. 이렇게 물질이 물에 녹는 것을 용해라고 하지요. 설탕이 물에 용해되면 설탕 알갱이는 거의 보이지 않게 됩니다. 그리고 설탕을 많이 넣을수록 단맛이 강해지니까 더 좋은 것 아닌가요? 난 단것이 세상에서 제일 좋던데.

개인적인 의견 말고 과학적인 변론을 해 주세요.

이상입니다.

헉. 이번에는 손호빗 씨 측 변호인 변론하세요.

최홍순 씨는 덩치처럼 손이 너무 큽니다. 그 말은 모든 걸 아낄 줄 모른다는 뜻이지요. 그리고 커피를 단맛으로만 먹던 시대는 지났습니다. 지금은 커피에 설탕을 넣지 않는 블랙커피도 많이 마시니까요. 그러므로 적당한 양의 설탕이 용해된 커피를 손님들에게 제공해야 할 것입니다. 보다 정확한 변론을 위해 용해에 관한 한 우리 나라 제일인자인 안용해 박사를 증인으로 요청합니다.

붉은 머리에 선글라스, 그리고 붉은 나비넥타이를 맨 촌스러워 보이는 사람이 증인석에 앉았다.

먼저 용해에 대해 설명해 주세요.

어떤 물질이 물에 녹는 것을 말합니다.

그 물질은 설탕과 같은 고체 상태만을 말하나요?

아닙니다. 이산화탄소와 같은 기체 상태의 물질이 물에 녹아 있을 수도 있습니다. 그게 바로 콜라나 사이다이지요.

그럼 설탕은 물에 얼마나 녹을 수 있나요?

물 100그램에 녹을 수 있는 최대의 양을 그 물질의 용해도라고 부릅니다. 설탕의 용해도는 20도 온도에서 204이므로 물 100그램에 설탕 204그램이 최대로 녹을 수 있지요.

그럼 용해도 이상으로 집어넣으면 어떻게 되나요?

설탕이 녹지 않고 바닥에 가라앉습니다. 예를 들어 20도의 물 100그램에 설탕 300그램을 넣고 저으면 용해도만큼인 204그램은 녹지만 나머지 96그램의 설탕은 녹을 수 없으니까 바닥에 가라앉게 되지요.

꼭 극장의 좌석과 손님 수의 관계 같아요.

그게 무슨 소리죠?

극장에 좌석이 300석이라면 300명의 관객이 모두 앉을 수 있잖아요?

그렇죠.

그런데 영화가 매우 인기가 있어 400명이 몰려들면 이중 300명은 앉을 수 있지만 나머지 100명은 못 앉게 되는 것과 같은 이치이군요.

정말 좋은 비유입니다. 메모 좀 해야겠습니다. 나중에 강의할 때 써먹게 말입니다.

가만, 용해도에서 온도는 왜 나온 거죠?

온도에 따라 용해도가 달라지니까요.

어떻게 달라지죠?

고체의 용해도는 온도가 낮을수록 작아집니다. 그러니까 설탕물의 경우 온도가 낮아지면 용해도가 작아져서 더 많은 양의 설탕이 바닥에 가라앉게 되지요.

극장의 좌석이 앉을 수 없게 고장 나는 거랑 비슷하군요.

정말 비유 짱입니다.

이제 이해가 갑니다. 최홍순 씨는 차가운 커피에는 설탕이 잘 녹지 않음에도 용해도 이상으로 많은 양의 설탕을 넣어 손님에게 불쾌감을 주었을 뿐만 아니라 아까운 설탕을 낭비하기까지 했습니다. 그러므로 당연히 해고되어 마땅하다고 생각합니다.

판결합니다. 이번 재판을 통해 설탕이 무한정 물에 녹을 수 없다는 것을 알았습니다. 그리고 냉커피처럼 차가운 물에는 녹을 수 있는 설탕의 양도 줄어든다는 것을 알았습니다. 그러므로 이번 사건의 경우 최홍순 씨의 과실이 있다는 점을 인정합니다.

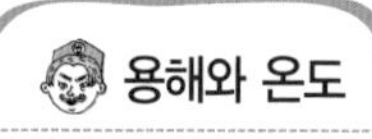

용해와 온도

용해도는 온도에 따라 달라진다. 온도가 증가할수록 용해도가 커지는 경우도 있고, 반대로 용해도가 감소하는 경우도 있다. 온도의 변화에 따른 용해도의 변화를 나타낸 곡선을 용해도 곡선이라고 한다. 대부분의 고체 용질은 온도가 올라갈수록 용해도가 증가하지만 모든 고체가 이러한 것은 아니며 용해 과정이 발열 반응인 경우도 있다.

기체 용질의 경우 항상 온도가 올라가면 용해도가 감소한다. 콜라나 사이다와 같은 탄산음료 속에는 이산화탄소가 녹아 있어 톡 쏘는 맛을 내게 되는데, 기체 용질인 이산화탄소 역시 온도가 올라가면 용해도가 감소한다. 따라서 냉장고 속에 넣어 두었던 탄산음료를 꺼내 바로 마시면 시원하고 톡 쏘는 맛이 강하게 나지만 미지근한 탄산음료는 이산화탄소가 잘 녹지 못하고 공기 중으로 날아가 톡 쏘는 느낌이 줄어드는 것이다.

소화기를 주세요

에탄올을 주원료로 하는 술에 불이 붙었을 때는 어떻게 해야 할까요?

어린 시절 개구쟁이였던 하만취 씨는 초등학교 때 아버지 몰래 양주를 마셨다가 목이 타 죽을 것만 같은 경험을 했다.

"어른들은 이런 걸 어떻게 마시지? 한약보다 쓰고 입속에서 불이 나는 것 같아."

술을 한 모금도 못 마시고 도로 뱉어 내고 말았지만, 그때의 경험은 하만취 씨가 술에 관한 연구를 하도록 이끌었다. 어른이 된 그는 도시 외곽의 창고를 빌려 여성들을 위한 입에 쓰지 않은 술을 개발 중이었다. 이 술은 입에 넣었을 때 여느 술처럼 쓰지 않을 뿐만 아니라 우리 몸속에 들어가더라도 한 시간 내에 알코올이 분해되었다.

어느 추운 날, 하만취 씨의 연구는 마지막 단계에 접어들었다. 그는 술의 이름을 '부마(부어라 마시자)'라 짓고 시장에 시제품을 내놓았다. 고객들의 반응은 폭발적이었다. 크리스마스 시즌에 맞춰 내놓는다면 엄청나게 팔릴 것이 분명했다. 기분이 좋아진 하만취 씨는 부마를 한 잔 마시고 개다리 춤으로 한껏 파티 기분을 냈다.

하지만 오랜 연구로 피로가 쌓인 하만취 씨는 춤추고 기분 내는 것도 잠시 몸이 오징어처럼 늘어져 금방이라도 땅에 붙어 버릴 것만 같았다. 그는 창고 가운데 작은 불을 피우고 스르륵 잠이 들었다. 꿈속에서 부마가 날개 돋친 듯 팔려 올해의 알코올 상을 받는 기분 좋은 꿈을 꾸고 있었다. 그런데 얼마 후 하만취 씨는 이상한 기분에 눈을 번쩍 떴다.

"끄아악~ 누가 불장난하니?"

처음에는 누군가가 불장난을 하는 줄 알았다. 알고 보니 하만취 씨가 피워 놓은 작은 불이 부마에 옮겨 붙은 것이었다. 하만취 씨는 세면대로 가서 바가지에 물을 퍼 담았다.

"아, 아니야! 불붙은 에탄올에 물을 붓는 건 자살 행위야!"

하만취 씨는 바가지를 바닥에 내려놓고 소화기를 찾기 시작했다. 그러나 아무리 눈을 씻고 찾아도 소화기는 보이지 않았다.

'슈퍼맨 도와줘요.'

이런 위급한 순간에 슈퍼맨이 나타나 주었으면 좋겠다는 간절한 생각이 들 정도로 정신이 하나도 없었다. 급한 대로 모래를 주워 쓰려 했으나 창고의 시멘트 바닥에 모래가 있을 리 없었다. 창고는 하만취 씨의 눈앞에서 활활 타 한 줌의 재로 변해 버렸다. 그의 꿈과 땀과 노력이 모두 재가 되는 순간이었다.

"소화기만 있었더라면……."

하만취 씨는 넋을 잃은 채 중얼거렸다.

다음 날 그는 소방법을 어기고 소화기를 비치해 두지 않은 창고 주인을 화학법정에 고소했다.

술의 주요 싱분인 에딘올은 물과 아주 잘 섞입니다.
그러므로 에탄올에 불이 붙었을 때 물을 부으면
쉽게 불을 끌 수 있습니다.

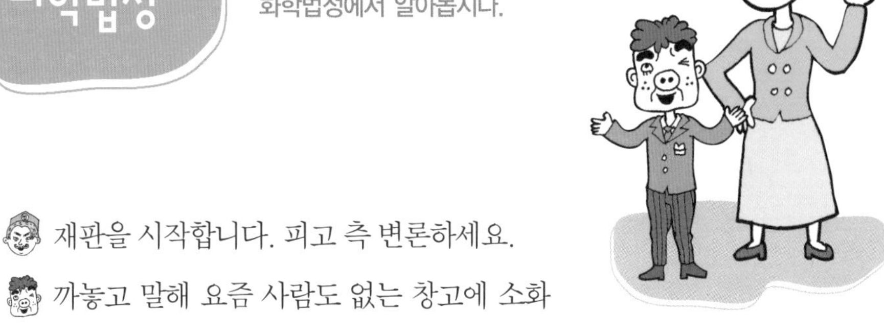

에탄올에 불이 붙으면 어떻게 꺼야 하나요?
화학법정에서 알아봅시다.

재판을 시작합니다. 피고 측 변론하세요.

까놓고 말해 요즘 사람도 없는 창고에 소화기를 비치해 두는 데가 어디 있습니까?

화치 변호사! 그건 법적인 의무 사항이에요.

그런가요? 언제 법이 바뀌었지?

저런 한심하긴. 소화기 설치법이 나온 지 5년이나 지났는데.

그런가요? 그럼 할 말 없습니다. 이 변론 포기하겠습니다.

점점…….

그럼 제가 변론을 시작하겠습니다.

그러세요.

에탄올 연구소의 이타놀 박사를 증인으로 요청합니다.

술이 아직 덜 깬 것 같은 얼굴의 남자가 증인석에 앉았다.

증인! 술 마시고 온 겁니까?

제가 하는 일이 새로운 술의 맛을 보는 것이라 어쩔 수 없습니다.

신성한 법정에서 술을 마시고 헛소리나 지껄이려고 하다니. 당장 저 증인을 쫓아내십시오, 재판장님.

화치 변호사, 당신은 술도 안 마시고 매번 헛소리 변론만 하지 않습니까.

흐음…….

그대로 진행하세요, 케미 변호사.

에탄올은 어디에 사용하는 액체입니까?

주로 술에 사용하지요. 흔히 알코올이라고도 하는데, 에탄올은 사람이 먹을 수 있는 알코올입니다. 그리고 메탄올은 공업용 알코올이라 사람이 먹으면 큰일 나지요.

좋습니다. 본론으로 들어가서 불을 끄기 위해서는 어떻게 해야 하나요?

물체가 불에 타는 것을 유식한 말로 연소 반응이라고 합니다.

공업용 알코올을 마시면 어떻게 되나요?

공업용 알코올 술로 착각 몰래 마신 재소자 실명 위기

2005년 경남의 한 교도소에서 복역 중인 재소자가 인쇄 작업장에서 사용하는 공업용 메틸알코올을 몰래 마시고 실명 위기에 빠진 사건이 있었다.

희석된 알코올, 즉 술로 착각해 공업용 알코올을 마신 이 사람은 복통 증세를 보이다 이틀 뒤 동공이 확대되고 양쪽 눈까지 보이지 않는 증세를 보였다. 메틸알코올을 마실 경우 실명하거나 심장마비로 사망할 수 있으며, 이 재소자는 '시신경염과 양안 무감각 증세로 시력을 잃은 상태'라고 알려졌다.

그런데 연소가 일어나기 위해서는 산소가 공급 되어야 하고 적당한 온도에 도달해야 하지요. 이때 연소가 일어나는 온도를 인화점이라고 부릅니다.

그럼 연소의 반대말은 소화가 되겠군요.

그렇습니다. 소화기를 뿌리면 이산화탄소가 나옵니다. 이 기체는 공기보다 무겁기 때문에 아래로 가라앉아 타고 있는 물질을 에워싸지요. 그러면 이산화탄소보다 가벼운 공기가 접근할 수 없어서 산소 공급이 차단되면서 불이 꺼집니다.

소방관 아저씨들이 물을 뿌리는 건 왜죠?

그건 차가운 물로 타고 있는 물질로부터 열을 빼앗으면 인화점 아래의 온도로 내려가기 때문에 불을 꺼뜨리기 쉽기 때문이지요.

그럼 에탄올에 불이 붙었을 때는 어떻게 하면 되나요?

물을 부으면 됩니다.

이상하군요. 석유에 불이 붙을 때 물을 부으면 위험하다고 하던데.

그건 석유의 경우이지요. 석유의 경우는 소화기로 끄거나 아니면 모래를 부어서 꺼야 합니다.

에탄올도 기름 아닙니까?

기름이 아니라 알코올이라니까요.

알겠습니다. 그럼 왜 에탄올은 물을 부으면 꺼지죠?

석유에 불이 붙을 때 물을 부으면 석유가 물보다 가볍고 물과 섞이지 않으므로 불이 붙은 채 위로 올라가 공기 중의 산소를 만나 점점 더 불이 붙기 때문에 불이 꺼지지 않습니다.

그럼 에탄올은 물보다 무겁나요?

아닙니다. 역시 물보다 가볍습니다.

그럼 똑같잖아요?

하지만 에탄올은 물과 아주 잘 섞이는 성질이 있습니다. 그러므로 불이 붙은 에탄올이 찬물과 섞여 인화점 아래의 온도로 내려가기 때문에 불이 꺼지는 것이지요.

아하! 그럼 하만취 씨가 처음 생각한 대로 물을 부었으면 되는 것이군요.

그렇습니다.

재판장님, 판결 부탁드립니다.

판결합니다. 하만취 씨가 불붙은 에탄올을 물로 끌 수 있다는 사실을 몰랐다는 것은 잘못입니다. 그리고 창고에 소화기를 비치해 두지 않은 것은 창고 주인의 과실입니다. 그러므로 이번 화재 사건에 대해서는 쌍방 과실로 판결하겠습니다.

인화점

일정한 조건에서 휘발성 물질의 증기가 다른 작은 불꽃에 의하여 불이 붙은 가장 낮은 온도를 말한다. 물질에 따라 각기 다른 값을 가지며, 주로 액체의 인화성을 판단하는 기준으로서 중요한 의미를 지닌다.

식용유 좀 아껴 써!

물위에 둥둥 뜬 식용유를
한 방울도 남김없이 걸러 낼 수 있을까요?

올해 마흔 살의 이마리오 씨는 20년째 니길니길 식용유 회사에서 평사원으로 일하고 있었다. 그는 이 회사에 자신의 젊음과 열정을 모두 쏟아 부었다.

"이 제품으로 말씀드릴 것 같으면 느끼함이 500만 배나 되는 니길계 일인자인 니길니길 식용유입니다. 애들은 가고 어른은 오세요."

이제 니길니길 식용유 회사는 단순한 직장이 아니라 이마리오 씨의 삶이자 희망이었다. 그는 특유의 말솜씨와 친절함으로 니길니길 식용유를 많이 팔 수 있었다.

이달의 니길니길 식용유 판매왕 상도 여러 번 받았다.

그러던 어느 날, 사장님이 이마리오 씨가 일하는 지방으로 내려온다는 소식을 들었다. 평소 사장님을 존경해 오던 이마리오 씨는 한껏 기대에 부풀어 사장님을 기다렸다. 그런데 예정된 시간이 훨씬 지나도록 사장님은 모습을 드러내지 않았다.

"아, 왜 이렇게 안 오시는 거야? 사장님 만난다고 평소 잘 안 입던 양복까지 차려입었는데. 으아~ 목 탄다! 목 타!"

초조해하던 이마리오 씨는 정수기로 가서 컵에 물을 담았다. 그리고 그 물에 꿀을 탄다는 게 그만 식용유 샘플을 부어 버렸다.

"맙소사!"

이마리오 씨는 자신의 머리통을 한 대 쥐어박고는 화장실로 가서 식용유가 든 물을 버렸다. 그때 이마리오 씨는 갑자기 등 뒤에 이상한 느낌을 받았다. 반짝 하는 기운에 뒤를 돌아보니 대머리 노인이 자신을 노려보고 있는 게 아닌가.

'저건 아무 데서나 볼 수 없는 대머리 열나 반짝반짝표 우리 니길니길 회사의 광택 제품인 것 같은데.'

대머리 노인의 머리에서 나오는 빛을 보고 이마리오 씨는 평범하지 않은 느낌을 받았다.

"누, 누구세요?"

"나는 니길니길 식용유 회사의 사장이오! 아까운 식용유를 버리다니! 당신은 니길니길 식용유 회사의 직원으로서 자격이 없소. 당장 해고요!"

"그게 아닙니다."

이마리오 씨는 최대한 비굴 모드로 사장님에게 자초지종을 설명했다. 하지만 사장님은 도무지 이마리오 씨의 말을 믿으려 하지 않았다.

'이럴 줄 알았으면 비굴 모드로 말하는 게 아니었어. 괜히 체면만 구겼잖아.'

이마리오 씨는 대머리 사장의 청천벽력 같은 말에 그대로 주저앉았다.

다음 날, 이마리오 씨는 밴댕이 소갈머리 같은 대머리 사장을 화학법정에 고소했다.

물과 기름은 밀도가 서로 달라 섞이지 않습니다. 따라서 스포이드를 이용해 물과 기름을 완벽하게 분리할 수 있습니다.

여기는 화학법정

물과 식용유가 섞이면 어떻게 분리할까요?
화학법정에서 알아봅시다.

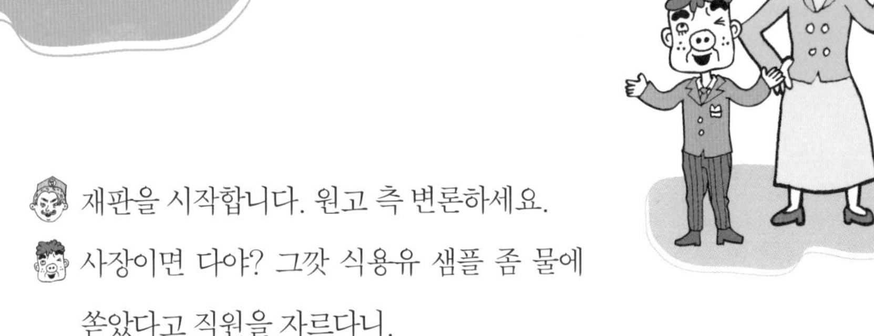

재판을 시작합니다. 원고 측 변론하세요.

사장이면 다야? 그깟 식용유 샘플 좀 물에 쏟았다고 직원을 자르다니.

화치 변호사! 흥분하지 말고 변론하세요.

지금 흥분 안 하게 됐나요?

어서 변론하세요.

재판장님, 화치 변호사는 변론 준비를 제대로 못했을 때 늘 흥분부터 하는 버릇이 있습니다.

그럼 이걸로 변론을 마치는 겁니까, 화치 변호사?

쩝. 어제 일이 많아서…….

아이고, 내 팔자야. 케미 변호사, 피고 측 변론하세요.

이번 사건은 물과 기름 사이의 관계에 대해 좀 더 알 필요가 있습니다.

갑자기 웬 기름이죠?

식용유가 기름이잖아요.

그렇군요.

그래서 물과 기름 사이의 관계에 대해 수많은 논문을 발표한

천유수 박사를 증인으로 요청합니다.

지적인 외모에 카리스마가 물씬 풍기는 40대 남자가 증인석에 앉았다.

우선 이번 사건에 대해 알고 계십니까?

물론이죠.

어떻게 생각하십니까?

이마리오 씨가 조금만 더 화학적으로 생각했다면 물에 쏟은 식용유를 모두 건져 낼 수 있었다고 생각합니다.

그게 무슨 말이죠?

물과 기름은 서로 섞이지 않습니다. 이렇게 서로 섞이지 않는 두 액체는 두 개의 층으로 만들어지기 때문에 쉽게 분리할 수 있지요.

좀 더 쉽게 설명해 주세요.

기름은 물보다 밀도가 낮습니다. 그러므로 밀도가 물보다 낮은 나무가 물에 둥둥 뜨듯이 기름도 물위에 둥둥 뜨게 되지요.

아하! 그럼 바다에 기름을 싣고 가던 배가 침몰해도 기름은 바닷물에 섞이지 않고 물위에 둥둥 떠다니겠군요.

물론이지요. 바다에 유출된 기름을 제거할 때는 오일펜스를 설치하여 다른 곳으로의 확산을 방지하고 유화제 등을 살포하여

기름을 묽게 만듭니다. 그런 다음 흡착포를 투입하여 기름을 흡수하지요. 마지막으로 바닷가 쪽으로 확산된 기름을 제거합니다.

그럼 다시 본론으로 돌아가 물위에 둥둥 뜬 식용유는 어떻게 건져 내지요?

화학 실험실에 스포이트라는 기구가 있습니다. 스포이트로 기름을 한 방울씩 추출하여 다른 용기에 담으면 물 위의 식용유를 모두 제거할 수 있습니다.

그런 방법이 있었군요. 존경하는 재판장님, 이마리오 씨가 이 방법을 알았다면 식용유를 스포이트로 다시 분리해 사장에게

바다에 유출된 기름을 제거하는 방법

1. 유류 회수 기술
해상에 유출된 기름을 회수하는 기술로는 기름을 흡수하는 능력이 뛰어난 물질을 이용, 기름을 빨아들이는 방식이다.

2. 유처리 기술
해상에 유출된 기름을 화학 및 생화학적 방법에 의하여 처리하는 약제를 사용하는 방법으로서 기름을 미립자화하여 해수와 섞이기 쉬운 상태로 만들어 자정 작용을 촉진시키는 역할을 한다.

3. 유흡착 기술
기름을 흡착 회수하는 물질로서 유출량이 적거나 얇은 유막을 회수할 때 사용한다. 일반적으로 흡착제는 방제 작업 마무리 단계에서 사용하거나, 선박 접근이 곤란한 해역의 엷은 유막 회수에 사용한다.

혼나지도 해고되지도 않았을 것입니다. 그러므로 이번 해고는 정당하다는 것이 본 변호사의 생각입니다.

판결합니다. 이마리오 씨가 불쌍하긴 하지만 이 법정은 화학만을 놓고 따지는 법정이므로 피고 측 변호사의 주장대로 이번 해고에 화학적으로 아무 문제가 없다고 판결하는 바입니다.

스파게티 요리사

스파게티 면발이 두 조각이 아닌 세 조각으로 잘리는 이유는 뭘까요?

"역시 난 21세기 장금이야."

"네 요리가 정말 뛰어나긴 하지만, 공주병은 너무 심해. 불치병이야."

"뭐라? 김주방의 이름으로 널 용서하지 않겠다."

주방 씨와 식탁 씨의 이야기는 늘 요리가 중심이 되곤 했다. 김주방 씨는 요리라면 자신이 있었다. 그는 최고의 요리사가 되겠다는 부푼 꿈을 안고 쿠크시티에 입성했다. 쿠크시티는 세계 각국의 온갖 진귀한 음식과 내로라하는 요리사들이 모여 있는 도시였다.

김주방 씨는 그중에서도 스파게티 요리로 이름을 떨치고 있는 나사부 씨를 찾아갔다. 유명세만큼 까다로우리라 생각했던 나사부 씨는 의외로 김주방 씨를 순순히 제자로 받아들였다.

"당신이 바로 발가락으로 스파게티 면발을 뽑고, 살살 녹아 스파게티를 만드신다는 나사부 선생님?"

"또 내 팬이야? 잘생긴 건 알아 가지고. 뭐, 사인해 줘?"

"듣던 대로 스파게티와 꼭 닮았군요. 첫눈에 알아봤습니다."

"짜식, 보는 눈은 있어서."

항상 빗과 거울을 가지고 다니는 나사부 씨는 번개탄 머리가 가라앉을까 계속 머리를 다듬고 있었다. 김주방 씨는 넙죽 엎드려 절을 하면서 말했다.

"스승님으로 모시고 싶습니다."

"내가 이런 거 잘 안 해 주는데, 니가 날 보는 안목이 있는 것 같아 특별히 제자로 받아 주겠다."

이렇게 해서 김주방 씨는 나사부 씨의 제자가 되었다. 주방 씨는 기쁜 마음에 궂은일도 마다하지 않았다. 매일 하는 일이라곤 청소와 빨래, 스파게티 면을 물에 씻는 것뿐이었지만, 사부님의 깊은 뜻이 있을 거라 생각하며 즐겁게 일을 했다.

"그래, 장금이의 상대가 될 때까진 참고 견딜 거야."

김주방 씨는 힘들 때면 이렇게 결의를 다졌다.

그러던 어느 날 나사부 씨가 스파게티 면을 물에 씻고 있는 김주방 씨를 불렀다.

"김주방, 그동안 고생 많았다. 네가 내 뜻대로 따라와 주었는지 테스트를 해 보아야겠다."

김주방 씨는 들뜬 마음으로 나사부 씨의 다음 말을 기다렸다.

"손으로 스파게티 면을 두 조각 내 보거라."

김주방 씨는 나사부 씨의 말이 떨어지기가 무섭게 스파게티 면을 집어 들었다. 그러나 몇 번을 시도해도 스파게티 면은 세 조각으로 잘려 나갔다.

"쯧쯧쯧, 그동안 뭘 한 게야? 그 간단한 걸 못한단 말이야? 정말 실망이다. 흥!"

당황한 김주방 씨가 계속해서 시도해 보았지만 스파게티 면은 절대 두 조각으로 잘리지 않았다. 땀을 뻘뻘 흘리는 김주방 씨를 보며 나사부 씨가 음흉한 미소를 지으며 말했다.

"앞으로 스파게티의 스 자도 꺼내지 말거라! 당장 나가!"

김주방 씨는 갑작스러운 나사부 씨의 해고 소식에 할 말을 잃었다. 그동안 들인 땀과 노력이 한순간에 물거품이 되었다.

'제대로 가르쳐 주지도 않고 이런 법이 어딨어. 그동안 죽어라 그릇만 씻었는데 내가 그걸 어떻게 아냐고.'

억울함에 이를 갈던 김주방 씨는 결국 나사부 씨를 화학법정에 고소했다.

스파게티 면발은 항상 세 조각으로 나뉘는데,
이는 면발의 밀도가 균일하지 않기 때문입니다.

여기는 화학법정

스파게티 면은 두 조각으로 잘라지지 않을까요?

화학법정에서 알아봅시다.

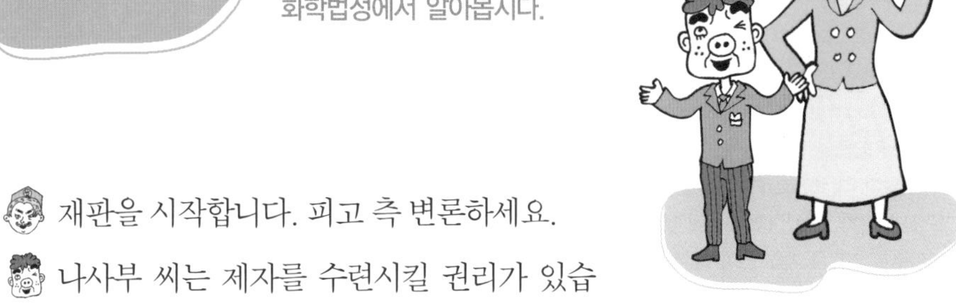

재판을 시작합니다. 피고 측 변론하세요.

나사부 씨는 제자를 수련시킬 권리가 있습니다. 그 방법이 어떻든 문하생은 사부가 시키는 것을 수행하면서 하나씩 배워 나가야 합니다. 그런데 김주방 씨는 스파게티 면 하나를 두 조각으로 내라는 사부의 말조차 이행하지 못했습니다. 그것은 사부에 대한 항명이라고 볼 수 있지요. 그러므로 이번 해고는 정당하다는 것이 본 변호사의 주장입니다.

역시 과학은 안 들어가는군! 원고 측 변론하세요.

면발연구소 소장인 나면발 박사를 증인으로 요청합니다.

보글보글 파마머리가 마치 라면 면발을 떠오르게 하는 40대 남자가 증인석에 앉았다.

증인이 하는 일은 뭐죠?

우리 연구소는 좋은 면발을 만들기 위해 노력합니다.

면발이 그게 그거 아닙니까?

밀도

일반적으로 고체 상태의 물질은 분자들이 매우 빽빽하게 모여 있는 상태로 밀도가 크고 액체 상태의 물질은 고체 상태에 비해 분자 간의 거리가 멀기 때문에 고체보다 작은 밀도를 갖는다. 기체 상태의 물질은 분자간의 거리가 매우 멀어 같은 수의 분자에 대해 차지하는 부피가 고체나 액체에 비해 훨씬 크다. 그래서 밀도가 매우 작은 편이다. 따라서 일반적으로 밀도는 고체 〉 액체 〉 기체의 순이다. 물의 경우는 예외적으로 고체의 부피가 액체의 부피보다 커 액체 〉 고체 〉 기체 순으로 밀도가 크다.

고체나 액체의 경우 밀도는 온도나 압력의 변화에 의해 거의 변화하지 않는다. 그러나 기체의 경우에는 온도가 올라갈수록 부피가 커져 밀도가 작아지고, 압력이 높아질수록 부피가 작아져 밀도가 커지는 특징을 가진다.

너희가 면발을 알아?

법정입니다. 존칭을 써 주십시오.

죄송합니다. 면발은 종류가 다양하지요. 라면 면발, 당면 면발, 스파게티 면발, 우동 면발, 소바 면말 등.

군침이 도는군요. 그럼 본론으로 들어가지요. 스파게티 면발이 다른 면발과 차이점이 있나요?

유럽 면발이지요.

헉! 장난합니까?

죄송합니다.

재판 좀 빨리 진행합시다. 쓸데없이 농담 따먹기 하지 말고.

스파게티 면은 다른 면처럼 두 조각으로 자를 수 없습니다.

그럼 어떻게 되나요?

항상 세 조각으로 잘립니다.

이유가 뭐죠?

스파게티 면의 밀도가 균일하지 않기 때문이지요.

좀 더 쉽게 설명해 주세요.

스파게티 면의 양쪽을 잡고 구부리면 밀도가 가장 낮은 부분부터 잘라집니다. 즉 스파게티 면의 양쪽에 똑같이 힘을 주고 구부리면 비슷한 힘을 받은 스파게티 면 중에서 가장 약한 부분이 먼저 잘려 나가고 그 뒤를 이어 잘려 나간 면에서 한 번 더 잘려 나가는 성질이 있습니다. 그래서 스파게티 면은 항상 세 조각으로 나뉘게 되지요.

정말 신기한 면발이군요. 역시 서양 것과 동양 것은 달라요.

그럼 판결합니다. 스파게티 면이 다른 면발과 다르다는 것을 증인을 통해 알았습니다. 그런데 명색이 내로라하는 스파게티 요리사라는 나사부 씨가 면발의 과학을 몰랐다는 점은 요리에 있어서도 과학을 추구하는 우리 공화국의 취지에 맞지 않습니다. 앞으로 나사부 씨는 요리의 과학에 대한 공부를 좀 더 하고 김주방 씨를 다시 고용할 것을 판결합니다.

릴레이 풍선

세 개의 풍선을 도미노처럼 연달아 터지게 하려면 어떻게 해야 할까요?

매일 엄마의 속만 썩이는 한꼴통은 욕심도 참 많다. 내일이 드디어 기다리던 생일이다. 한꼴통은 이미 한 달 전부터 날마다 생일을 들먹이며 가족들을 귀찮게 했다.

"엄마, 내 생일 기억하지?"

"누나, 내가 언제 태어났더라?"

또 교실 칠판에도 한꼴통 생일이라고 큼지막하게 써 두고는 친구들이 잊지 않도록 했다.

늘 속만 썩이는 한꼴통이지만 엄마는 하나밖에 없는 아들을 위해 정성스레 생일 파티를 준비하기로 했다. 엄마의 깜짝 파티는 풍선 이벤트였다.

“친절하게 모시겠습니다. 아름다운 세상 풍선나라 별나라입니다.”

“내일 우리 아들 꼴통이 생일인데 풍선 이벤트를 준비하려고요.”

“예, 어떤 이벤트를 원하세요?”

“풍선 세 개가 동시에 터지지 않고 도미노처럼 하나씩 터지게 해 주었으면 좋겠네요.”

“예, 예, 알겠습니다.”

드디어 한꼴통의 생일날이 되었다. 한꼴통이 학교에 간 사이 이벤트 회사 사람들이 와서 풍선을 매달았다. 알록달록 예쁜 풍선을 보고 엄마는 매우 흡족했다. 학교에서 돌아온 아들이 이 모습을 보고 얼마나 기뻐할지 생각하니 저절로 콧노래가 나왔다.

한편, 한꼴통은 수업이 끝나자마자 엄마가 준비했을 깜짝 파티를 기대하며 친구들을 우르르 데리고 집으로 향했다.

“너희들 너무 놀라지 마. 우리 엄마는 시시한 생일 파티 같은 건 하지 않아. 지금까지 한 번도 본 적이 없는 파티를 보게 될 거야.”

한꼴통은 신이 나서 폴짝폴짝 뛰면서 친구들과 함께 집으로 향했다. 이미 준비를 마친 엄마는 꼴통이와 친구들의 왁자지껄한 소리를 듣고 폭죽을 준비해 기다리고 있었다.

폭죽이 먼저 터진 것까지는 좋았다. 그런데 예상과 달리 풍선 세 개가 한꺼번에 ‘펑’ 하고 터져 버렸다. 한껏 우쭐해서 들어오던 한꼴통은 그 이 모습을 보고는 울상이 되었다. 친구들은 의아한 눈으로 풍선과 한꼴통을 번갈아 바라보았다.

"유치하기는!"

한꼴통은 이 한 마디를 남기고는 자기 방 문을 쾅 소리가 나게 닫고 들어가 버렸다. 파티를 즐기지 못할 상황이라는 것을 알고 아이들도 각자 집으로 돌아갔다. 너무나 속이 상했던 한꼴통은 급기야 바닥에 주저앉아 울음을 터뜨렸다.

그 후 1주일간 엄마는 화를 풀어 주기 위해 한꼴통이 원하는 것은 무엇이든 들어주어야만 했다. 한꼴통의 엄마는 이 모든 일이 풍선 이벤트 회사에서 자신이 요구한 대로 이벤트를 진행시키지 않았기 때문이라고 결론을 내리고는 화학법정에 이 회사를 고소했다.

각각 다른 테이프를 이용하여 세 개의 풍선을
순차적으로 터뜨릴 수 있습니다.

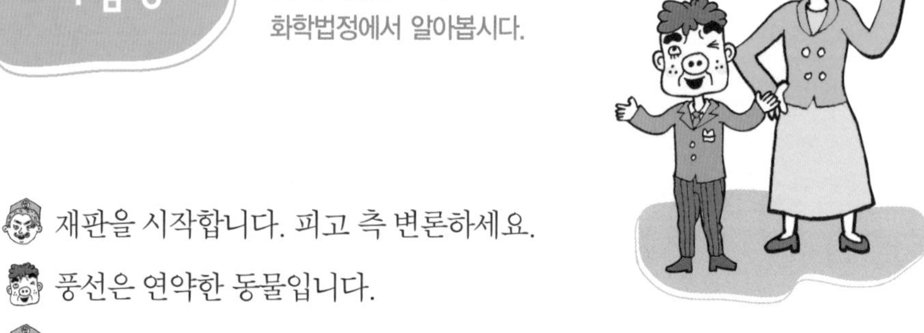

풍선을 바늘로 찔렀을 때 바로 터지지 않게 할 수 있을까요?

화학법정에서 알아봅시다.

재판을 시작합니다. 피고 측 변론하세요.

풍선은 연약한 동물입니다.

풍선이 동물이라니 그게 무슨 말인가요?

앗, 실수! 풍선은 연약한 식물입니다.

풍선이 식물이란 말인가요?

화치 변호사, 과학 공부 좀 하세요. 정말 날재판을 하는 것도 아니고 매번 변론다운 변론이 없어.

케미 변호사! 그거 내가 하려던 말입니다. 아무튼 화치 변호사, 변론하세요.

풍선은 워낙 약해서 바늘로 찌름과 동시에 펑 하고 터지게 됩니다. 그런데 어떻게 풍선이 연이어 터지게 해 달라는 것인지. 따라서 원고 측은 실현 불가능한 일을 의뢰했다고 볼 수 있습니다.

과연 그럴까요? 원고 측 변론하세요.

풍선연구소의 이바람 박사를 증인으로 요청합니다.

바람을 가득 채워 넣은 풍선처럼 부푼 배를 가진 남자가 증인석에 앉았다.

박사님, 풍선을 천천히 터지게 할 수 있나요?

얼마든지 가능합니다.

어떻게 그렇게 하죠?

풍선에 테이프를 붙이면 됩니다. 풍선에 양면테이프를 붙이고 그 곳을 바늘로 찌르면 3초 후에 터집니다.

다른 테이프를 붙이면 어떻게 되나요?

초강력 초록색 테이프를 붙이고 바늘로 찌르면 약 9초 후에 풍선이 터집니다.

왜 그런가요?

테이프를 붙인 상태에서 구멍을 내면 늘어나려는 풍선을 테이프가 꽉 잡아서 풍선이 터지는 것을 막기 때문에 시간이 더 오래 걸리는 것입니다.

간단하군요. 그럼 첫 번째 풍선은 그대로, 두 번째 풍선에는 양면테이프를, 세 번째 풍선에는 강한 초록색 테이프를 붙이고 세 풍선을 동시에 찌르면 풍선이 연이어 터지겠군요. 아주 손쉬운 방법이네요. 재판장님, 판결 부탁해요!

과학은 사람들을 즐겁게 해 주고 때로는 마술처럼 여겨지기도 합니다. 이처럼 과학 속에는 신기한 일들이 무궁무진하게 숨어 있지요. 이번 사건을 통해 테이프를 이용하여 풍선을 릴레이로 터뜨릴 수 있다는 것을 알았습니다. 앞으로 풍선 이벤트 회사들은 풍선과 관련된 과학 공부를 게을리하지 말아야 할 것입니

다. 그리고 테이프를 이용하여 한꼴통의 생일 잔치를 다시 할 것을 판결합니다.

빙산이 물 위에 떠 있다고요?

빙산은 바다 아래 땅 밑에 붙어 있을까요,
물 위에 둥둥 떠다닐까요?

유박사 씨는 극지방 탐험에 관한 한 첫손에 꼽히는 학자이다. 극지방 학계에서는 유박사 씨를 보는 것만으로도 영광이라 할 정도로 그의 영향력은 막강했다. 게다가 인품마저 고매해서 그를 한 번이라도 만나 본 사람은 그의 높은 인품에 절로 고개를 숙였다.

유박사 씨는 그동안 극지방을 마치 자기 집 드나들 듯이 다녀왔고, 환갑을 넘긴 지금도 여전히 극지방 탐험을 게을리하지 않고 있었다. 이번에도 그는 극지방을 탐험하기 위해 준비하고 있었다.

그런 유박사 씨에게 유독 딴죽를 거는 사람이 한 명 있었다. 바로 김지루 씨였다. 그 역시 극지방 탐험과 연구에 목숨을 걸다시피 했다. 하지만 워낙 유박사 씨가 뛰어나서 항상 이인자의 자리에 머물러야 했다.

"유박사가 뭐 별거야? 사실은 내가 더 뛰어나다고. 유박사는 아무것도 아냐. 사람들은 진짜 뛰어난 사람을 몰라봐."

이번 논문 발표에서도 유박사 씨의 논문만이 크게 찬사를 받았다. 그러자 김지루 씨는 화가 나서 견딜 수가 없었다.

사실 그동안 김지루 씨는 유박사 씨의 업적을 깎아내리기 위해 알게 모르게 엄청난 노력을 들였다.

'유박사만 아니면 이 분야에서는 내가 일인자인데…….'

논문 발표 전날 유박사 씨의 발을 걸어서 발목을 부러뜨린 일은 심술 축에도 끼지 못했다. 논문 발표 때에는 그가 서는 자리에 본드를 발라 두어 옴짝달싹 못하게 만들기도 했다.

하지만 이 같은 김지루 씨의 방해에도 불구하고 유박사 씨는 승승장구했다. 유박사 씨가 극지방 연구 학회에 들어온 후로 아무도 그를 뛰어넘는 연구 결과를 내놓지 못하고 있었다. 대학에서도 그가 맡은 강의는 완전 대박이었다. 몸이 모자랄 정도로 수업이 많았고, 각 수업마다 학생들로 가득했다.

"역시 유박사 선생님이셔. 난 유 선생님 수업 들으려고 어젯밤을 꼴딱 샜다니까."

"넌 어젯밤만 샜냐? 난 오늘도 샜다. 애들이 어찌나 유 선생님 수업을 좋아하는지 늦게 오면 자리가 남아나지 않더라고."

"그만큼 유 선생님 수업이 예술이잖냐. 고생한 것이 전혀 아깝지 않아. 유 선생님 완사예요."

"어쩜 수업을 그렇게 재미있게 하시는지, 내가 태어나서 그런 수업은 처음이야."

유박사 씨의 수업을 들은 학생들은 저마다 입에 침이 마르도록 칭찬했다. 이 말들이 김지루 씨의 귀에 들어가지 않을 리 없었다.

"아냐, 내 수업이 최고야. 유박사는 이름만 나서 그런 거야. 나도 유박사만큼만 이름이 알려지면 내 수업은 더 인기 있을 거라고."

자존심 강한 김지루 씨는 학생들의 말을 받아들일 수 없었다. 하지만 그가 아무리 노력해도 유박사 씨의 벽은 너무 높았다. 번번이 그에게 지자 김지루 씨는 이제 그가 하는 일이라면 무엇이든 따라 하면서 딴죽 걸 생각만 하기에 이르렀다.

유박사 씨가 극지방 탐험을 한다고 하자 김지루 씨는 재빨리 극지방 탐험 준비를 끝냈다.

'이번에야말로 유박사를 가만두지 않겠어.'

김지루 씨의 결심은 단호했다.

드디어 유박사 씨가 극지방 탐험을 위해 비행기에 올랐다. 김지루 씨도 같은 비행기를 예약해 가까운 곳에 자리를 잡았다. 그들이 가는 곳은 비행기가 들어갈 수 없어 중간에 내려서 배로 갈아타야 했다.

이응고 유박사 씨는 비행기에서 내려 미리 예약해 둔 배로 향했고, 김지루 씨도 놓칠세라 재빨리 그의 뒤를 따랐다. 그러고는 배를 사서 일행을 꾸렸다.

'뿌웅, 뿌웅!'

뱃고동 소리가 울리고 배가 출발했다. 배라고 해 봐야 그렇게 크지는 않았지만, 갖출 것은 다 갖추고 있었다. 북극해 위에는 유박사 씨와 김지루 씨의 배밖에 없었다. 이렇게 되자 몰래 유박사 씨의 뒤를 쫓으려던 김지루 씨의 계획은 어긋나고 말았다. 마지못해 김지루 씨는 먼저 인사를 건넸다.

"안녕하세요, 박사님. 오랜만입니다."

"아니, 김지루 씨 아닌가. 자네도 극지방 탐험을 왔나 보군. 아는 사람을 만나니 참으로 반갑구먼."

"저도 그렇습니다, 박사님. 연구할 게 좀 있어서요."

두 사람은 이렇게 어색하게 인사를 나누고는 각자의 일을 했다. 고요한 북극해 위를 두 척의 배가 물살에 흔들리며 떠가고 있었다. 그러다가 갑자기 빙산을 만나게 되었다.

"위험하다! 빙산이다!"

그들은 뜻밖의 상황에 매우 놀랐지만 곧 침착하게 배를 몰았다.

겨우 빙산을 피한 김지루 씨가 한숨을 내쉬며 말했다.

"유 박사님, 빙산은 늘 사람을 긴장시킵니다."

"그렇지. 극지방에 올 땐 빙산을 조심해야 하네."

"얼음이 밑바닥까지 꽁꽁 얼어붙어 있어 잘못해서 부딪혔다가는 큰일이 나지요."

"아니, 자네 잘못 알고 있는 것 같군. 빙산은 물위에 떠 있는 얼음 덩어리일세."

유박사 씨의 대답을 들은 김지루 씨는 지금이 절호의 기회라고 생각했다.

'박사님은 역시 무식했어. 이참에 내가 박사님보다 더 잘났다는 것을 증명해 보이겠어.'

김지루 씨는 뻐기듯 말했다.

"박사님, 명성과는 달리 기본을 모르고 계신 것 같습니다. 빙산은 저 바다 밑에 붙어 있는 것입니다. 빙산의 일각이란 말도 있지 않습니까."

"어허, 자네를 참 똑똑한 친구라고 생각했는데 아무래도 잘못 알고 있었나 보군. 책을 잘 찾아보게나. 빙산은 물위에 떠다니는 것이야. 그러니까 사람들이 언제 어디서 만날지 몰라 두려워하는 것이고."

두 사람은 한 치의 물러섬이 없었다. 더구나 이번 기회에 유박사 씨를 쓰러뜨릴 수 있을지도 모른다고 생각한 김지루 씨의 고집은 시간이 갈수록 더해 갔다. 결국 결론이 나지 않자 두 사람은 화학법정에서 이 문제를 해결하기로 했다.

빙산은 물위에 둥둥 떠다니는 얼음 덩어리입니다.
얼음은 물보다 밀도가 낮아 물위에 뜰 수가 있습니다.

여기는 화학법정

빙산은 물위에 둥둥 떠 있을까요?
화학법정에서 알아봅시다.

재판을 시작합니다. 먼저 김지루 씨 측 변론하세요.

빙산은 산입니다. 산이 어떻게 둥둥 떠다닙니까? 말도 안 되는 이야기이지요. 당연히 김지루 씨의 주장처럼 바다 아래 땅에 붙어 있는 것이 맞다고 본 변호사는 생각합니다.

유박사 씨 측 변론하세요.

이번 사건은 김지루 씨의 무식함에서 비롯된 것입니다. 자신이 얼마나 무식한지 깨닫기 위해서는 좋은 선생님이 필요하겠죠? 그래서 저는 유박사 씨를 증인으로 요청합니다.

손에는 조그만 물컵을 들고 입에는 얼음을 문 40대 남자가 증인석에 앉았다.

증인은 빙산이 물에 떠 있다고 주장했지요?

물론입니다. 빙산은 얼음산이지요.

산인데 어떻게 물에 떠 있지요?

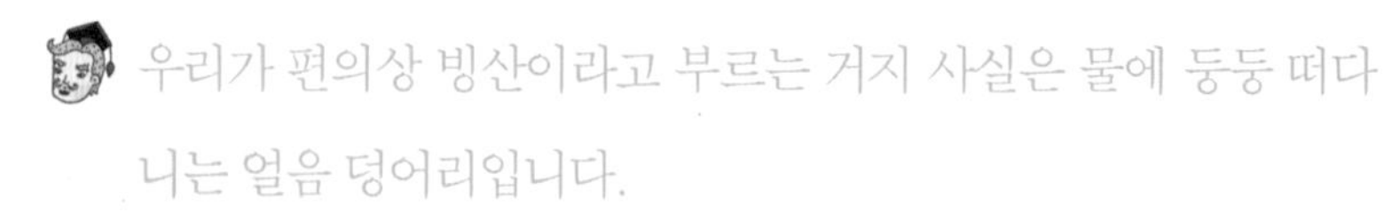
우리가 편의상 빙산이라고 부르는 거지 사실은 물에 둥둥 떠다니는 얼음 덩어리입니다.

얼음 덩어리가 어떻게 물에 뜨지요?

간단한 실험으로 보여 드리겠습니다.

유박사는 가지고 온 물컵에 입에 물고 있던 얼음을 뱉었다. 그러자 놀랍게도 얼음은 물위에 둥둥 떠 있었다.

얼음이 물에 뜨는군요.

물론입니다.

왜 뜨는 거죠?

빙산

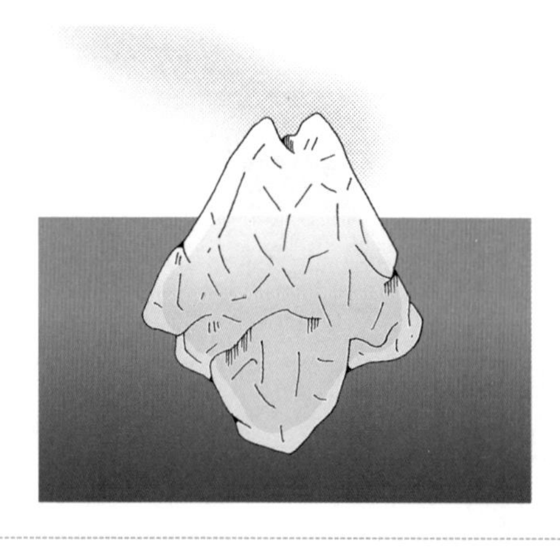

빙하나 극지방의 바다 쪽 끝부분에서 떨어져나와 물에 떠 있는 얼음 덩어리를 빙산이라고 하며, 담수로 구성되어 있다. 특히 그린란드와 남극 근처에 많이 나타난다.

해면 아래에는 해면 위에 비해 6~7배나 되는 부분이 잠겨 있기 때문에 이것이 선박과 충돌하면 매우 위험하다. 1912년 영국의 호화 여객선 타이타닉호의 사고는 사상 최대의 해난으로 유명하다.

현재는 레이더, 항공기, 기상 위성 등에 의한 관측으로 빙산에 의한 사고는 거의 없는 편이다.

밀도가 낮기 때문입니다. 물보다 밀도가 낮은 물질은 물에 뜨고 반대로 밀도가 높은 물질은 가라앉는 성질이 있지요.

아하! 극지방의 얼음이 바다로 미끄러져 내려와 바닷물에 둥둥 떠다니는 게 빙산이군요.

그렇습니다.

더 이상 재판을 계속할 필요가 있나요? 그렇죠, 재판장님?

사실 나는 빙산이 물위에 떠 있다는 걸 알고 있었어요. 그래서 아주 지루하게 재판을 듣고 있었지요. 아무튼 김지루 씨는 사람들을 지루하게 하는 취미가 있군요. 좀 더 공부하세요.

너무 매워요

매운 고추장으로 만든 메기찜을 먹고 입에 불이 났을 때
우유를 마시는 것이 효과가 있을까요?

과학공화국의 케믹시티에는 많은 화학 공장이 있어 대부분의 사람들이 이들 공장에 다니고 있었다. 이 도시 사람들은 화학과 관련된 이야기를 주거니 받거니 하는 것을 즐겼다. 대학에서 화학을 공부한 기묘해 씨와 이상해 씨도 마찬가지였다.

"이봐, 묘해! 자네는 화학이 뭐라고 생각하나?"

"글쎄, 생활 속의 지혜를 주는 학문이 아닐까?"

"나랑 생각이 같군. 아무튼 우리는 화학을 위해 태어난 사람들이야."

두 사람은 만나기만 하면 이렇게 화학 이야기를 주고받으며 서로에게 용기를 불어넣었다.

두 사람은 어릴 때부터 한 동네에서 자라 대학까지 함께 다녔고 지금도 케믹시티의 생활화학연구소에서 같이 근무하고 있는 아주 절친한 사이였다.

주말이 되었다. 결혼을 아직 안 한 기묘해 씨가 방에서 빈둥거리면서 낚싯대를 만지작거리고 있을 때였다.

'따르르르릉!'

전화 벨 소리가 요란하게 울렸다. 전화를 한 사람은 친구인 이상해 씨였다.

"뭐해?"

"그냥 있어. 뭘 할까 머리를 굴리는 중이야."

"그럼 지금 당장 낚싯대 들고 우리가 자주 가던 낚시터로 나와."

"무슨 일인데?"

"사장님이 자네하고 나하고 낚시 가자고 하셔."

"그래?"

기묘해 씨는 사장이라는 말에 갑자기 눈이 반짝였다.

"그래, 좋은 기회야. 이번에 사장님께 내 매운탕 솜씨를 보여 주고 점수 좀 따야겠군."

기묘해 씨는 주먹을 불끈 쥐고는 냉장고를 뒤져 청양고추로 만든 고추장을 챙겼다. 그리고 얼마 후 두 사람이 자주 들르던 다나까 낚시터에 도착했다.

사장은 편한 복장으로 낚싯대 두 개를 설치한 상태였다. 기묘해 씨는 조심스럽게 사장의 옆자리에 자신의 낚싯대를 드리웠다.

모두들 침묵을 지킨 채 낚싯대를 주의 깊게 살폈다.

몇 시간이 지났을까, 사장의 낚싯대가 흔들리기 시작했다.

"사장님! 걸렸어요."

기묘해 씨는 마치 자신의 일인 양 신이 나서 떠들어 댔다. 사장이 있는 힘껏 낚싯대를 잡아당기자 커다란 메기 한 마리가 끌려왔다.

"우아, 이렇게 큰 것은 처음 봐요! 사장님은 낚시 대회에 나가셔도 되겠어요."

이상해 씨가 옆에서 사장의 비위를 맞추었다.

"제가 메기찜을 만들게요."

기묘해 씨도 이에 질세라 사장에게 아부를 했다.

잠시 후 세 사람은 기묘해 씨가 만든 메기찜을 먹었다. 사장이 먼저 메기찜을 입에 넣었다.

"으악, 불이야!"

사장이 비명을 질렀다. 메기찜이 너무 매웠기 때문이었다. 기묘해 씨는 냉장고에서 우유를 꺼내 왔다. 그러자 사장은 우유를 내동댕이쳤다.

"매워 죽겠는데 무슨 우유야? 당장 냉수 가져오란 말이야! 입에서 불이 날 지경이야."

"매운 것에는 우유가 좋다던데요……."

기묘해 씨는 기어 들어가는 목소리로 말했다.

"당장 물을 구해 오지 못해!"

사장은 매워 달라붙은 입술을 떼어 내면서 화를 냈다. 하지만 기묘해 씨는 한 고집 하는 사람이었다. 그는 계속 사장에게 우유를 권했고 사장은 그때마다 우유를 내동댕이쳤다.

다음 날 회사에 출근한 기묘해 씨는 회사 입구에 붙은 게시물을 보고 매우 놀랐다. 그것은 자신의 해고 통지였기 때문이었다. 전날 낚시 사건에 대한 사장의 보복이었다.

하지만 매운 음식에는 우유가 최고라고 굳게 믿는 기묘해 씨는 사장의 해고가 부당하다며 화학법정에 억울함을 호소했다.

매운 음식을 먹고 난 후에는 물보다는 우유를 마시는 것이 좋습니다. 고추의 매운맛을 내는 성분이 물보다는 우유에 잘 녹기 때문입니다.

여기는 화학법정

매운 것을 먹었을 때는 물을 먹어야 할까요? 우유를 먹어야 할까요?

화학법정에서 알아봅시다.

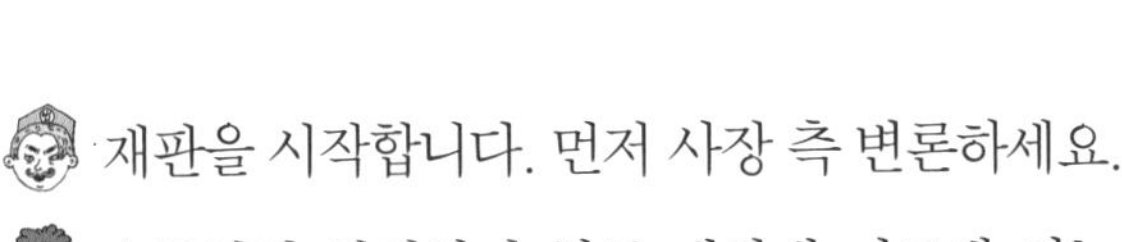

재판을 시작합니다. 먼저 사장 측 변론하세요.

요즘처럼 취직하기 힘든 세상에 기묘해 씨는 정말 사장에게 무례한 두 가지 행동을 했습니다.

그 두 가지가 뭔가요?

하나는 너무 매운 음식을 권한 것이고, 또 하나는 매워 죽겠는데 물 대신 자꾸 우유를 권한 것입니다. 더군다나 매움의 극치를 달리는 청양고추로 만든 고추장을 써서 메기찜을 만들다니 이건 정말 미친 짓이라고밖에는 볼 수 없습니다.

화치 변호사, 하고 싶은 말이 뭡니까?

저라도 이런 사람은 자를 거라는 얘기죠.

으이구! 그럼 기묘해 씨 측 변론하세요.

증인으로 기묘해 씨를 모시겠습니다.

풀이 죽은 표정의 남자가 증인석에 앉았다.

증인이 메기찜을 만들었죠?

예.

어떤 고추장을 썼죠?

청양고추로 만든 것입니다.

청양고추는 얼마나 맵죠?

4000 내지 7000스코빌 정도입니다.

스코빌이 뭔가요?

매운맛의 단위이지요. 피망을 0스코빌로 하고 고추 샘플을 먹게 한 다음 정해진 양의 설탕물을 몇 번 먹어야 매운맛이 없어지는지를 기준으로 등급을 매깁니다.

그럼 청양고추가 세상에서 가장 맵나요?

아닙니다.

그것보다 더 매운 게 있나요?

세상에서 가장 매운 고추는 하바네로로 10만 내지 30만 스코빌 정도입니다. 그다음으로는 태국의 쥐똥고추와 타바스코가 3만 내지 5만 스코빌이고요. 청양고추는 1만 스코빌을 넘지 않습니다.

그렇군요. 그럼 매운 것을 먹은 후에는 어떤 걸 먹는 게 좋나요? 차가운 물인가요?

그렇지 않은 것으로 알고 있습니다.

그럼 증인이 사장에게 권한 우유인가요?

예.

이유를 좀 설명해 주시겠습니까?

고추의 매운맛을 내는 성분이 물에는 잘 녹지 않습니다.

그럼 우유는 왜 매운맛을 없애 주는 거죠?

우유는 매운 향신료의 기름과 결합해 매운맛을 가시게 해 주지요. 보통 물과 친한 성질을 친수성, 기름과 친한 성질을 친유성이라고 하는데, 우유나 달걀 노른자 속에 들어 있는 레시틴이라는 성분은 물과 기름 어느 쪽에도 친한 성질이 있지요. 즉 이 물질은 친수성과 친유성을 다 가지고 있습니다.

그렇군요. 그렇다면 우유를 권한 것은 현명한 선택이었군요.

그렇습니다.

재판장님! 판결 부탁드립니다.

나도 매운 음식 마니아인데 앞으로는 우유를 한 병 사들고 매운 닭날개를 먹으러 가야겠군요. 나이가 드니까 점점 매운맛이 당긴단 말이에요. 그럼 기묘해 씨의 해고는 적절치 못했다고 판결을 내리겠어요. 이상입니다.

레시틴

콩기름 · 간 · 뇌 등에 다량 존재한다. 순수한 레시틴은 희고 부드러우며, 공기 중에 방치하면 검어진다. 상업용 레시틴의 색깔은 갈색에서 연노랑색까지 다양하다.
상업용 레시틴은 대부분 콩기름으로부터 얻어지는데, 습윤제 · 유화제 및 기타 용도에 이용된다. 레시틴 제품은 사료, 구운 제품과 즉석식품, 초콜릿, 화장품, 비누, 염료, 살충제, 페인트, 플라스틱에 사용된다.

무지개 주스

농도가 각각 다른 설탕물과 식용 색소만을 이용하여
무지개 주스를 만들 수 있을까요?

과학공화국의 중학생 화학 경진대회가 며칠 남지 않았다. 이 대회는 국가에서 주최하는 화학 분야에서 가장 큰 대회이자 명문 학교로 진학할 수 있는 기회였기 때문에 어느 대회보다 치열했다. 게다가 각 학교의 자존심이 걸린 대결이었기에 더욱 열심히 준비해야 했다.

"얘들아, 아직도 아이디어 하나 생각 못했니? 이제 대회가 얼마 남지 않았어."

"그렇게 말하는 부장은? 부장도 생각한 게 없잖아."

"그렇긴 하지만…… 아휴! 이번에도 최고중학교에 우승을 넘겨

줄 순 없잖아."

천재중학교 화학 연구 동아리인 천재왕의 부원들은 오늘도 경진대회에 출품할 작품을 생각하지 못해 머리를 쥐어뜯고 있었다. 천재왕 동아리는 늘 최고중학교의 화학 연구 동아리인 넘버원에게 우승을 빼앗겨 그들에게 무시당하기 일쑤였다.

"그 녀석들 어제도 우리 학교 앞을 지나가면서 어찌나 뻐기던지, 한 대 패 주고 싶은 걸 겨우 참았어."

다열질은 이를 바득바득 갈며 말했다.

최고중학교와 천재중학교는 불과 50미터밖에 떨어져 있지 않아서 학생들 간의 미묘한 신경전이 있었다. 특히 최고중학교 넘버원의 부장 이잘난은 천재중학교를 지나갈 때마다 무시하는 발언을 했다.

"천재 중학교? 누가 이런 이름을 지었어? 둔재 중학교가 딱인데 말이야. 게다가 최고의 둔재들만 모인 둔재왕은 왜 매년 화학 경진대회에 나오는지 모르겠어. 우리한테 이기지도 못하면서."

부장은 물론 부원들까지 천재왕 동아리를 대놓고 무시했다. 그래서 천재왕은 늘 경진대회에서 우승을 바라고 열심히 작품을 만들었지만 번번이 넘버원에게 밀렸다.

부장인 방치기는 머리를 책상에 콩콩 찧으며 말했다.

"뭔가 번뜩이는 아이디어가 있어야 해. 아이디어가!"

"부장, 하나 생각났어!"

"뭔데, 뭔데?"

부원들은 모두 얼버리에게 시선이 집중되었다. 얼버리는 아주 자랑스럽게 말했다.

"석출 실험을 하는 거야. 따뜻한 물에 소금을 왕창 녹인 다음에 물을 식히면 소금이 마법처럼 튀어나오는 거지. 어때?"

부원들의 표정이 한순간에 굳었다. 방치기는 한심하다는 듯이 말했다.

"그거 작년에 골지중학교에서 했다가 망신만 당했어. 아무리 나중에 들어왔다지만 넌 화학 경진대회에 관심도 없니? 에잇, 벌이다."

방치기는 얼버리의 머리에 박치기를 했다. 얼버리는 별이 보인다며 헤헤거렸다.

"이런, 아무것도 생각 못했는데 벌써 밤이 되었잖아. 수위 아저씨 오기 전에 어서 학교에서 나가자. 내일까지 모두들 아이디어 하나씩 생각해 와. 안 그러면 박치기다!"

부원들은 터덜터덜 힘없이 걸어 나갔다. 방치기는 부실에 남아 책상 위를 정리하다가 문득 화학책으로 눈길이 갔다. 그리고 다음 구절에 눈길이 박혔다.

'겨울철 호수의 얼음은 물에 뜬다. 그 이유는 물보다 밀도가 낮기 때문이다. 또 섭씨 4도의 물은 온도가 높아도 맨 밑바닥으로 가라앉는데 이것 역시 밀도 때문이다.'

'바로 이거야!'

방치기는 번뜩이는 아이디어가 머리를 스쳤다. 그는 재빨리 집으로 뛰어가 자신이 생각한 아이디어대로 실험을 해 보았고 실험은 성공이었다. 이렇게 태어난 작품은 화학 경진대회 예선을 가뿐하게 뛰어넘고 드디어 본선 날이 되었다.

"야, 올해도 만나는구나. 언제나 예선은 따로 해서 못 봤지만 너희는 운이 좋은가 봐. 매번 본선 진출을 하니 말이야."

이잘난이 건들거리며 천재왕 동아리에 찾아와 비아냥거렸다.

"아니, 뭐야?"

다열질은 주먹을 쥐고 덤비려고 했지만 방치기가 다열질을 말렸다.

"올해는 꼭 우리가 우승을 할 거야."

방치기의 말에 이잘난은 배를 움켜잡고 크게 웃었다.

"아하하하! 내가 지금껏 들었던 코미디 중에서 제일 웃겼어. 그 말 곧 후회하게 될 거야. 좀 있다 보자고. 하하하!"

이잘난은 웃으면서 자신의 동아리로 돌아갔다.

다열질은 방치기에게 따졌다.

"왜 막은 거야? 저런 녀석은 찍소리도 못하게 해 줘야 한다고."

"난 우리 작품에 자신이 있어. 이번에는 꼭 우승을 할 거야. 그때 우리가 당한 수모를 갚아도 늦지 않아."

드디어 작품 발표가 시작되었다. 본선 진출 작품이니만큼 갖가지 다양하고 참신한 작품들이 많이 나왔다. 최고중학교에서는 소금 결정으로 만든 목걸이를 가지고 나왔다.

"최고중학교 넘버원 동아리의 이번 작품은 소금 결정 목걸이입니다. 소금을 많이 넣은 따뜻한 물에 실을 넣고 식히면 실에 소금이 달라붙어 이렇게 소금 결정 목걸이를 만들 수 있습니다."

심사위원들의 표정이 밝았다. 그 모습을 본 이잘난은 우승은 자신들의 것이라는 듯 거만한 표정을 지었다. 그 뒤에 바로 천재중학교의 작품 발표가 있었다.

"천재중학교 천재왕 동아리의 이번 작품은 무지개 주스입니다."

방치기가 내놓은 것은 긴 유리컵에 여러 가지 색깔의 물이 층을 이룬 그야말로 무지개 주스였다.

"재료는 각각 다른 농도의 설탕물을 이용했습니다. 그리고 각 농도의 설탕물마다 식용 색소를 섞어 이렇게 무지개 주스를 만들었습니다."

심사위원들은 감탄하며 자기들끼리 귀엣말을 주고받았다.

작품 발표가 모두 끝난 후 심사위원장이 우승팀을 발표했다.

"올해 과학공화국 화학 경진대회 우승팀은 천재중학교의 천재왕 동아리입니다."

천재왕 동아리 학생들은 서로 껴안고 환호성을 질렀다. 그리고 부원들은 부장인 방치기를 헹가래를 쳤다.

그때 이잘난이 이해할 수 없다는 듯 심사위원에게 따졌다.

"저는 납득할 수 없어요. 어떻게 설탕물만으로 무지개 주스를 만들 수 있죠? 분명 물과 기름을 이용하거나 설탕물 사이에 보이지 않는 막을 설치했을 거예요."

그러자 옆에서 방치기가 자신만만하게 말했다.

"아니야. 우린 분명 설탕물만 사용했어."

"거짓말하지 마. 절대 그런 일은 있을 수 없어. 다 같은 설탕물인데 어떻게 저렇게 만들 수 있지?"

"그게 가능하다는 것을 화학법정에서 증명해 보이겠어."

방치기는 주먹을 불끈 쥐며 말했다.

밀도가 낮은 것은 위로 뜨고 밀도가 높은 것은 아래로 가라앉는 화학적 성질을 이용하여 무지개 주스를 만들 수 있습니다.

여기는 화학법정

설탕물만으로 무지개 주스를 만들 수 있을까요?

화학법정에서 알아봅시다.

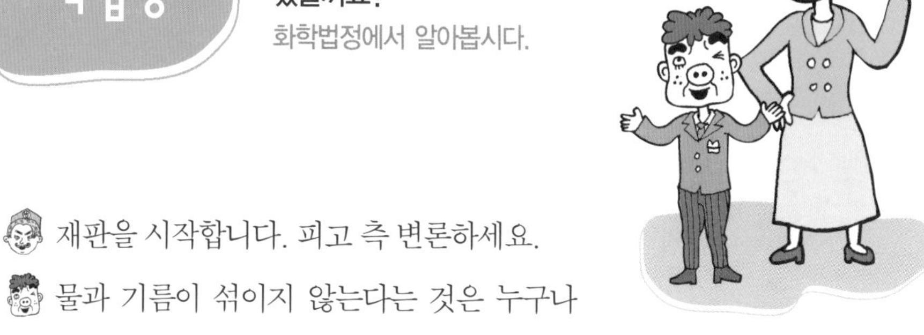

재판을 시작합니다. 피고 측 변론하세요.

물과 기름이 섞이지 않는다는 것은 누구나 알고 있는 사실입니다. 그러나 물과 물, 기름과 기름은 서로 잘 섞이죠. 당연히 설탕물과 설탕물은 잘 섞일 수밖에 없습니다. 따라서 천재왕 동아리가 만든 설탕물 무지개 주스는 물과 기름의 잘 섞이지 않는 성질을 이용했거나 설탕물 사이에 보이지 않는 막을 설치하여 그런 효과를 냈을 것입니다.

원고 측 변론하세요.

이번 대회에서 심사위원장을 맡은 장화학 박사를 증인으로 요청합니다.

하얀 실험복을 입은 뚱뚱한 장화학 박사가 증인석에 앉았다.

화학 경진대회 심사위원을 몇 번 하셨죠?

화학 경진대회가 시작할 때부터 심사를 맡았으니 열 번 가까이 되었습니다.

천재왕 동아리의 무지개 주스는 이번 경진대회에서 우승 트로피를 받을 만했나요?

물론입니다. 설탕물로만 만든 무지개 주스라니, 정말 참신한 아이디어였습니다.

그런데 설탕물과 설탕물은 잘 섞이지 않습니까?

우리 눈에는 설탕물이 투명하기 때문에 섞이는 것이라고 짐작하겠지만 농도 차이가 나는 설탕물일 경우 처음부터 완전히 섞이지는 않습니다.

좀 더 쉽게 설명해 주세요.

밀도 차이 때문입니다. 밀도가 높은 것은 아래로 가라앉고 밀도가 낮은 것은 위에 머무릅니다. 이 밀도는 농도가 높아질수록 더욱 높아지지요. 실험을 통해 한번 살펴볼까요. 우선 조건은 설탕을 섞은 같은 양의 물이 있어야 하고 물의 온도도 같아야 합니다.

장화학 박사는 종이컵 한 컵 정도의 설탕을 섞은 물에는 붉은색 식용 색소를 넣고 종이컵 5분의 1 정도의 설탕을 섞은 물에는 푸른색 식용 색소를 넣었다.

먼저 유리컵에 붉은색 물부터 붓고 잠시 후 푸른색 물을 조금씩 조심스럽게 넣습니다.

푸른색 물을 조금씩 넣자 층간에 약간 섞이기는 했지만 거의 분리되어 있었다.

이 실험을 할 때 가장 주의해야 할 것은 농도가 높은 물을 먼저 넣어야 한다는 것입니다. 그리고 낮은 농도의 물은 조금씩 조심스럽게 넣어야 합니다.

왜 농도가 높은 물을 먼저 넣어야 하죠?

밀도가 낮은 것을 먼저 넣으면 밀도가 높은 것이 밑으로 가라앉으려 하고 밀도가 낮은 것이 위로 올라가려 하기 때문에 서로 섞이게 됩니다.

설탕물 말고 다른 예는 없나요?

더운물과 찬물의 경우를 생각해 볼 수 있습니다. 찬물은 더운물에 비해 밀도가 높습니다. 따라서 찬물을 먼저 넣고 더운물을 넣었을 경우 처음에는 잘 섞이지 않습니다. 반대로 더운물을 먼저 넣고 나중에 찬물을 넣을 경우 서로 잘 섞이게 됩니다.

실험에서 살펴본 것과 같이 농도가 높은 설탕물을 먼저 넣고 농도가 낮은 설탕물을 나중에 넣었을 때에 서로 잘 섞이지 않습니다. 따라서 천재왕 동아리의 무지개 주스는 속임수를 쓰지 않은 훌륭한 작품이었습니다.

판결합니다. 같은 설탕물이라 하더라도 밀도 차이에 의해 층을 이룰 수 있습니다. 이것은 농도뿐만 아니라 온도 차이에서도 발견되는데, 밀도가 낮은 것이 위로 뜨고 밀도가 높은 것이 아래로 가라앉는 성질 때문에 나타나는 현상입니다. 따라서 천재왕 동아리의 우승은 타당하다고 판결합니다.

물질과 물체

물질과 물체는 같은 뜻인가요? 꼭 그렇지는 않습니다. 나무는 물질이지만 나무로 만든 책상은 물체이지요. 물질은 물체를 이루는 재료입니다. 어떤 물체는 하나의 물질로 이루어져 있고 어떤 물체는 여러 개의 물질로 이루어져 있습니다. 예를 들어 책상은 나무로만 이루어진 물체이고 연필은 몇 개의 물질로 이루어진 물체입니다. 연필대는 나무라는 물질로 되어 있지만 연필심은 흑연이라는 물질로 이루어져 있지요.

물질의 세 가지 상태

물질은 고체, 액체, 기체의 상태로 우리 눈에 보이게 됩니다. 주위에서 흔하게 보는 물은 고체 상태인 얼음, 액체 상태인 물, 기체 상태인 수증기의 세 가지 모습을 가지고 있습니다. 단단한 철은 고체 상태로 보이지만 제철소에 가 보면 철이 액체가 되어 흘러가는 모습을 볼 수 있습니다.

하지만 어떤 물질은 세 가지 상태를 모두 볼 수 없기도 합니다. 헬륨은 자연에서 기체 상태로 있지만 영하 269도가 되면 액체 상태가 되지요. 그러나 아쉽게도 우리는 고체 상태의 헬륨을 만들 수 없습니다.

그렇다면 고체, 액체, 기체 상태는 어떻게 다를까요? 물질은 분자라고 부르는 작은 알갱이들로 이루어져 있는데 각각의 상태에서 분자의 배열이 다릅니다.

여러분이 우연히 다른 학교의 교실을 엿본다면 선생님이 안 보인다고 해도 수업 시간인지 쉬는 시간인지를 알 수 있습니다. 학생들이 모두 자기 자리에 얌전히 앉아 있으면 수업 시간이고 여기저기 비어 있는 자리가 보이면 쉬는 시간이라고 짐작해 볼 수 있지요. 이제 고체, 액체, 기체를 학교 교실에 비유해 봅시다. 그러면 학생들은 분자가 되겠지요.

먼저 고체 상태는 수업 시간입니다.

수업 시간에는 학생들이 자기 자리에 앉아 있으니까 학생들 사이의 거리가 일정하고 학생들 사이의 거리가 가장 가깝습니다. 마찬가지로 물질 속에서 분자들 사이의 거리가 일정하고 서로 가까이 모여 있는 상태가 고체 상태입니다. 그래서 고체는 모양과 부피가 일정하지요.

액체 상대는 뭘까요? 바로 쉬는 시간입니다.

쉬는 시간에는 화장실에 가기도 하고 옆 친구에게 놀러 가기도 합니다. 학생들 사이의 거리는 수업 시간(고체 상태)보다 멀어지지요. 이렇게 분자들 사이의 거리가 고체 상태보다 멀어지면 액체 상태가 됩니다. 그래서 액체의 부피는 일정하지만 모양은 담는 그릇에 따라 달라지지요.

마지막으로 기체 상태는 방과 후의 모습입니다.

학생들이 많이 떨어져 있지요? 이렇게 분자들 사이의 거리가 아주 먼 상태가 기체 상태입니다. 분자들은 기체 상태일 때 가장 자유롭습니다. 그래서 기체는 부피도, 모양도 일정하지 않습니다.

물의 세 가지 상태

우리 주위에서 하나의 물질이 세 가지 상태로 존재하는 것을 가장 쉽게 살펴볼 수 있는 것은 물입니다. 고체 상태인 얼음이 녹으면 액체 상태인 물이 되고, 액체 상태인 물이 얼면 고체 상태인 얼음이 되지요. 액체 상태인 물이 증발하면 기체 상태인 수증기가 되고요. 반대로 기체 상태인 수증기가 차가워지면 물이 됩니다.

이렇게 물의 세 가지 형태는 주위에서 자주 볼 수 있습니다. 하지만 수증기는 눈에 보이지 않습니다. 증발된 수증기가 나오고 있다는 것을 느낄 수 있을 뿐이지요. 라면을 막 끓였을 때 김이 모락모락 피어오르지요? 그것은 수증기가 아니라 작은 물방울들이 그렇게 보이는 것입니다. 그러니까 김은 기체 상태가 아니라 액체 상태라고 할 수 있습니다.

물질의 상태의 구별

여러분은 고체, 액체, 기체를 어떻게 구별하나요? 다음과 같이 구별하면 편리하고 외우기도 쉽습니다.

- 고체: 만지면 단단하다.
- 액체: 흐르는 성질이 있다.
- 기체: 주위 공간에 퍼지는 성질이 있다.

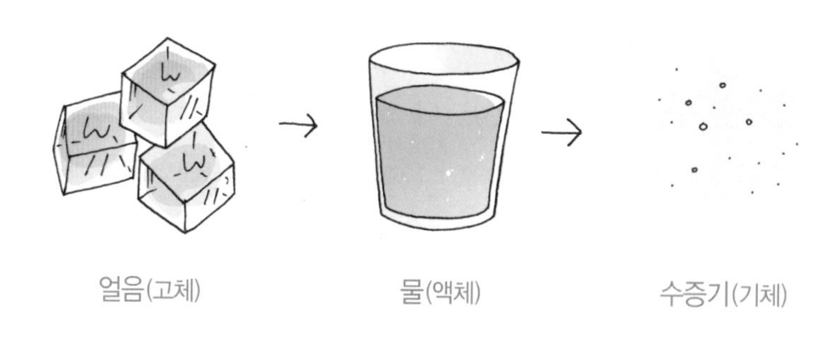

얼음(고체) 물(액체) 수증기(기체)

우리 주위에는 얼음, 소금, 나무와 같이 눈에 보이고 만지면 단단한 물질이 있습니다. 이런 물질이 바로 고체입니다. 또 우유, 에탄올, 휘발유, 아세톤과 같이 흐르는 성질을 띤 물질도 있는데, 이것은 액체입니다.

그럼 기체는 어디에서 볼 수 있나요? 불행히도 우리는 모든 기체를 볼 수는 없습니다. 기체 중에는 눈에 보이지 않는 기체도 있으니까요. 여러분이 매일 마시는 공기는 눈에 보이지 않는 기체인 산소와 질소로 이루어져 있습니다. 그래서 여러분은 공기를 눈으로 볼 수 없습니다. 하지만 색을 띠고 있어 눈에 보이는 기체도 있습니다. 불소는 밝은 노란빛을 띠는 기체이고, 염소는 황록색의 기체입니다.

| 플루오르 |

불소라고도 하며, 가볍고 반응성이 가장 큰 원소이다. 보통 상태에서 플루오르는 공기보다 약간 무거운 연녹황색 기체로 자극적인 냄새가 난다. 아주 낮은 농도인 경우를 제외하고는 흡입하면 위험하다. 냉각시키면 −188℃에서 노란색 액체가 되고 −219.62℃에서 언다. 플루오르는 해수 · 뼈 · 치아에도 결합되어 있는 상태로 소량 존재한다.

| 염소 |

할로겐 원소 중 2번째로 가벼운 원소이다. 독성과 부식성이 있는 황록색 기체로 눈과 호흡기관을 자극한다. 공기보다 2.5배 정도가 무겁고, −34℃에서 액화된다.
염소는 소금물을 전기 분해시키거나, 용융된 염화나트륨(→ 소금)을 전기 분해시켜 나트륨을 제조할 때 부산물로 얻는다. 염소와 염소 화합물은 제지공업과 섬유산업의 표백제, 도시의 상수도 소독제, 가정용 표백제 · 살균제, 유기 · 무기 화합물 제조에 쓰인다.

밀도란 무엇일까요

여러분은 밀도라는 말을 들어 보았나요? 우리 주위에서 가장 흔히 쓰이는 경우가 인구 밀도라는 말일 거예요. 어느 지역에 사람이 많이 살고 있는지 또는 적게 살고 있는지를 나타낼 때 인구 밀도를 사용하지요. 인구 밀도는 가로 세로 각각 1킬로미터인 땅에 사는 인구의 수를 나타낸 것입니다. 그러니까 인구 밀도가 높으면 좁은 땅에 많은 사람이 살고 있다는 뜻입니다. 불행히도 우리나라는 인구 밀도가 높은 나라입니다.

그럼 과학에서 말하는 밀도는 뭘까요? 과학에서는 같은 부피의 질량을 비교해서 어떤 물질이 더 무거운가를 나타낼 때 밀도를 사용합니다. 즉 물질 $1cm^3$의 질량을 물질의 밀도라고 하지요. 예를 들어 어떤 물질 $3cm^3$의 질량이 18g이면 $1cm^3$의 질량은 6g이므로 물질의 밀도는 $6g/cm^3$이 됩니다. 그러니까 밀도는 질량을 부피로 나눈 값입니다. 밀도의 단위는 kg/m^3 또는 g/cm^3이고요.

밀도가 높으면 단단하다

물질은 분자로 이루어져 있습니다. 어떤 물질은 분자들이 빽빽하게 모여 있고 어떤 물질은 분자들 사이가 많이 떨어져 있습니다. 이 두 물질 중 어느 물질이 더 단단할까요?

당연히 분자들이 빽빽하게 모여 있는 물질이 더 단단합니다. 분자들이 빽빽하게 모여 있으면 부피가 작겠지요? 그래요. 단단한 물질은 부피가 작아서 밀도가 높지요. 그러니까 밀도가 높은 물질이 단단한 물질입니다.

금속은 단단하지요? 그래서 금속의 밀도는 높습니다. 여러 가지 금속의 밀도를 알아봅시다. 알루미늄은 밀도가 2.7g/cm^{3}이고 철은 7.9g/cm^3, 금은 19.3g/cm^{3}이며 금속 중 밀도가 가장 높은 백금은 21.5g/cm^3 입니다. 밀도가 낮을수록 가벼운 물질입니다. 비행기는 가벼워야 잘 뜰 수 있으므로 알루미늄의 합금으로 만든답니다.

용해와 농도

물에 설탕을 넣어 봅시다. 설탕이 모두 녹으면 설탕물의 어느 부분이나 단맛의 정도가 같지요. 이것은 설탕 입자가 물속에 고루 퍼지기 때문입니다. 이렇게 한 물질이 다른 물질에 균일하게 섞이는 것을 용해라고 합니다. 이때 물은 용매, 설탕은 용질, 설탕물은 용액이라고 하지요.

국을 먹을 때 싱거우면 소금을 넣습니다. 소금을 너무 적게 넣으면 싱겁고 너무 많이 넣으면 짭니다. 이렇게 용질의 양에 따라 용액의 진하기가 결정되는데 그것을 용액의 농도라 하고 퍼센트(%)로 나타냅니다. 용액의 농도는 다음과 같이 나타낼 수 있습니다.

$$용액의\ 농도 = \frac{용질의\ 양}{용액의\ 양} \times 100$$

예를 들어 물 90그램에 소금 10그램이 있으면 소금물의 농도는 다음과 같습니다.

$$농도 = \frac{10}{90+10} \times 100 = 10(\%)$$

용해도

음식을 너무 많이 먹으면 더 이상 다른 음식을 먹을 수가 없지요? 이 같은 상태를 포식 상태라고 합니다. 마찬가지로 물도 너무 많은 용질을 녹일 수 없습니다.

다시 말해 물속에 용해될 수 있는 용질의 최대 양이 있지요. 그 이상의 용질은 물에 녹지 않고 바닥에 가라앉습니다. 물 100그램에 최대로 녹을 수 있는 용질의 양을 그 물질의 용해도라고 합니다. 용해도는 용질의 종류에 따라 다릅니다. 예를 들어 20도의 물 100그램에 설탕은 204그램까지 녹을 수 있고, 소금은 36그램까지 녹을 수 있습니다. 그러니까 설탕의 용해도는 204이고 소금의 용해도는 36이지요.

그럼 온도와 용해도는 어떤 관계가 있을까요? 온도가 올라가면 용해도가 커집니다. 그러니까 뜨거운 물에는 차가운 물보다 더 많은 설탕이 녹을 수 있습니다. 왜 그럴까요? 온도가 올라가면 액체 속의 분자들 사이의 거리가 멀어지므로 용질을 더 많이 채울 수 있습니다. 그래서 용해도가 커지는 것이지요.

신기한 녹말 용액

여러분은 액체처럼도 행동하고 고체처럼도 행동하는 용액을 본 적이 있나요? 이런 성질을 가진 대표적인 것은 녹말 용액입니다. 녹말 용액에 큰 힘을 가하면 단단한 고체처럼 반응하고 작은 힘에는 물과 같은 액체처럼 반응합니다.

제2장

기체에 관한 사건

생활 속의 화학① – 삶은 달걀 벗기기

생활 속의 화학② – 컵라면과 보통 라면

기체의 압력 – 죽 폭발

크립톤 – 소프라노 여왕 대회

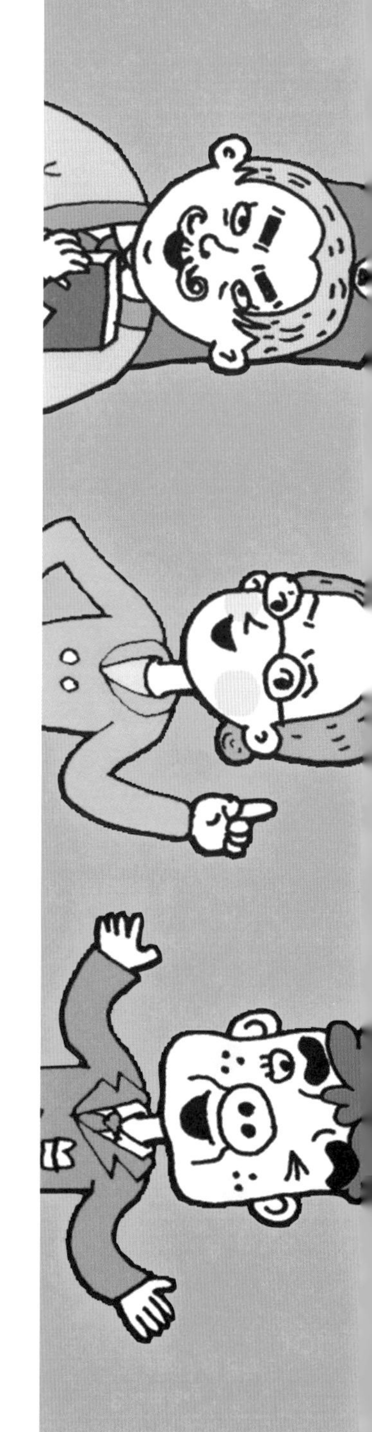

삶은 달걀 벗기기

한 시간 만에 삶은 달걀 500개를 벗길 수 있는 묘안이 있을까요?

"속보입니다. 한동안 뜸했던 조류 인플루엔자가 다시 나타났습니다. 시민들의 닭고기 소비가 줄어, 농가와 닭 관련 가게는 비상이라고 합니다."

알럽치킨 회사는 오늘 아침 뉴스에 조류 인플루엔자가 다시 번지고 있고, 이로 인해 사람들이 닭고기를 먹지 않는다는 소식이 들려오사 내책 바련에 나섰다.

"야야야야야! 이제 모든 반찬을 닭으로 해."

알럽치킨 회사의 한명수 사장은 우선 회사 구내식당의 저녁 메뉴를 모두 닭고기 요리로 바꾸도록 하고 점심에는 삶은 달걀을 후식으로 내놓도록 했다.

그런데 며칠 뒤부터 다음과 같은 항의 메시지가 회사 홈페이지 게시판에 자꾸 올라왔다.

"사장님, 달걀을 후식으로 내놓는 건 좋습니다. 하지만 삶은 달걀의 껍데기가 잘 벗겨지지 않아 근무 시간에 지장이 생기는 것은 용납할 수 없습니다."

"제가 그러려고 그런 건 아닌데요, 달걀 껍데기를 벗기다 보면 달걀이 절반으로 줄어들어요. 너무 불편해요."

"달걀 까느라 밥을 못 먹겠어요. 달걀 하나 까고 나면 점심 시간이 다 지나가 버려요."

한명수 사장은 고민 끝에 삶은 달걀의 껍데기를 모두 벗겨서 줄 것을 식당 측에 요구했다.

"야야야! 이제부턴 달걀 껍데기를 모두 벗겨서 올려놔."

이 일로 식당에서는 달걀 껍데기를 까는 일을 맡아 줄 사람을 구해야 했다.

며칠 뒤 그 일을 할 사람으로 안까기 씨가 채용되었다. 안까기 씨가 오전 11시부터 점심 식사 시간인 12시까지 까야 할 달걀은 모두 500개였다. 그러나 그가 그 시간 동안 깐 달걀은 100개 정도였다.

"안까기 씨! 이렇게 달걀 까는 속도가 느려 터져서야 원……. 다른 사람을 구해 볼 테니 내일부터 나오지 마슈!"

주방장은 냉랭한 태도로 안까기 씨를 해고했다. 일을 시작한 지 며칠 지나지 않아 잘리게 된 안까기 씨는 어찌나 황당한지 잠깐 동안 할 말을 잃고 달걀 까는 일을 계속했다.

"안 들려요? 안까기 씨, 그만두시라고요."

그제야 정신이 번쩍 든 안까기 씨는 주방장에게 누가 더 달걀을 많이 까는지 내기를 하자고 했다. 하지만 주방장은 그의 요구를 들어주지 않았다.

'주방장도 자신 없으면서. 나보고 뭐라고?'

누가 누가 달걀을 빨리 까나 내기를 하자는 부탁도 들어주지 않자 화가 난 안까기 씨는 하고 싶은 말이라도 하자 싶어서 주방장에게 조목조목 설명했다.

"주방장님! 저는 억울합니다. 사람이 10초에 달걀 하나를 깐다고 계산해도 한 시간에 깔 수 있는 양은 겨우 360개입니다. 불가능한 일을 해내라고 요구하고는 그 일을 수행하지 못한다고 해고하는 것은 부당합니다. 이것은 삶은 달걀로 병아리를 부화시키라는 것과 같은 이치 아닙니까?"

그러나 결국 안까기 씨는 알럽치킨 회사의 구내식당에서 해고되었나. 그는 너무나 억울해서 화학법정에 이 일을 해결해 달라고 호소했다.

삶은 달걀의 양쪽 끝에 구멍을 내거나 찬물에 담그면
짧은 시간에 재빨리 달걀 껍데기를 벗길 수 있습니다.

여기는 화학법정

어떻게 하면 삶은 달걀의 껍데기를 빠르게 벗길 수 있을까요?

화학법정에서 알아봅시다.

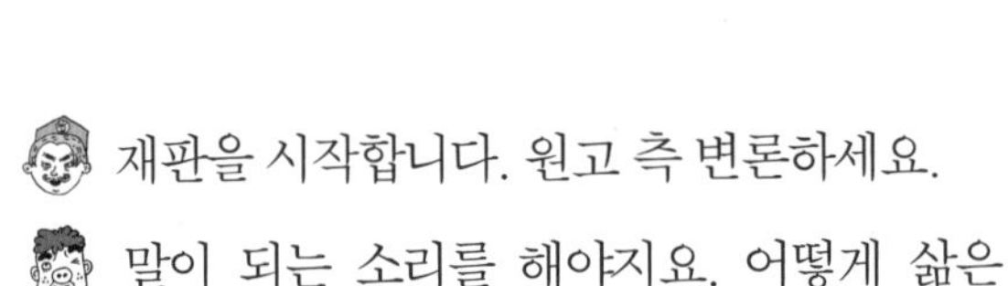

재판을 시작합니다. 원고 측 변론하세요.

말이 되는 소리를 해야지요. 어떻게 삶은 달걀 500개를 한 시간 동안 까라는 말입니까? 정말 말도 안 되는 요구 사항이지요. 이런 불가능한 주문을 하고 그 일을 해내지 못했다고 안까기 씨를 해고한 것은 부당하다는 것이 본 변호사의 의견입니다.

피고 측 변론하세요.

삶은 달걀 장사를 수십 년 동안 해 온 나달걀 할머니를 증인으로 요청합니다.

얼굴이 달걀처럼 갸름한 백발의 노파가 증인석으로 걸어 들어왔다.

지금 어떤 일을 하시나요?

초등학교 앞에서 삶은 달걀 장사를 하고 있다우.

얼마 동안 하셨지요?

한 40년 되려나? 글쎄, 기억이 가물가물해서…….

증인은 아이들에게 달걀 껍데기를 벗겨 준다는데 사실인가요?

아이들이 잘 못 벗겨서.

노하우가 있습니까?

노하우가 누구요?

아 참, 그러니까 달걀 껍데기를 잘 벗기는 비법이 있는가를 묻는 겁니다.

있긴 있지.

그게 뭐죠?

삶은 달걀의 길쭉한 양쪽 끝에 살짝 구멍을 내는 거야.

그다음에는요?

말 끊지 말게, 색시.

죄송합니다.

그런 다음에 구멍에 대고 '훅' 하고 불면 껍데기가 아주 쉽게 벗겨지거든. 5초도 안 걸려.

아! 이제 알 것 같아요. 달걀 껍데기와 달걀 사이에 공기를 불어 넣으면 껍데기와 달걀 사이에 틈이 생겨서 쉽게 벗겨지는 거군요.

그런 어려운 건 몰라.

또 다른 방법은 없나요?

있지. 삶은 달걀을 찬물에 넣으면 돼.

왜요?

삶은 달걀을 찬물에 넣으면 달걀의 부피가 급속히 줄어들게 돼. 그러면서 달걀과 껍데기 사이에 틈이 생겨 껍질이 쉽게 벗겨지는 거야.

수고하셨습니다. 존경하는 재판장님, 나달걀 할머니의 증언처럼 삶은 달걀 껍데기를 5초 만에 벗길 수 있는 방법이 있습니다. 그러면 한 시간에 720개의 달걀 껍데기를 벗길 수 있으니까 구내식당의 주문은 무리가 없었다는 게 본 변호사의 의견입니다.

판결합니다. 역시 과학이 불가능을 가능하게 하는군요. 이런 간단한 방법이 있는 줄 몰랐어요. 내 아내도 삶은 달걀을 좋아하니 당장 써먹어 봐야겠어요.

재판장님 판결은…….

500개의 달걀 껍데기를 한 시간에 벗길 수 있는 방법이 존재하므로 안까기 씨에 대한 해고는 정당하다는 거지요. 하지만 한 번 더 기회를 주었으면 하는 게 제 바람입니다.

컵라면과 보통 라면

컵라면 용기에 보통 라면을 넣고
뜨거운 물을 부어 3분 만에 먹을 수 있을까요?

먹을거리가 많아진 요즘 라면에 대한 사람들의 관심은 점점 사라져 가고 있었다. 뿌른 라면 가게는 심각한 경영난에 시달리다 결국 가게 문을 닫게 되었다.

"짜식들, 그래도 뽀대 나는걸."

가게 문을 닫으면서도 라면에 대한 애정이 남달랐던 김라멘 씨는 자식 같은 라면 하나하나를 어루만졌다. 하지만 조금이라도 손해를 덜 보려면 창고에 쌓여 있는 라면들을 빠른 시일 내에 모두 처분해야만 했다.

'저 라면들을 어떻게 팔아 치우지?'

순간 김라멘 씨의 머리에 번뜩이는 아이디어가 떠올랐다.

"그래, 바로 그거야!"

다음 날부터 김라멘 씨는 본격적인 라면 처리에 나섰다. 그는 일반 라면을 까서 컵라면 용기에 담은 뒤 오가는 사람이나 여행객, 또는 낚시꾼 등에게 팔았다. 그렇게 해서 김라멘 씨는 창고에 쌓여 있던 라면을 하루 만에 모두 처분할 수 있었다. 라면돌이의 역할을 제대로 해냈다 싶은 마음에 김라멘 씨는 콧노래가 절로 나왔다.

"저스트 텐 미닛, 라면 파는 시간. 잘 끓인 라면에 서비스까지~."

신나게 노래를 부르며 울라 춤을 추고 있는 김라멘 씨의 집 앞에 사람들이 모여들기 시작했다.

"김라멘 씨는 지금 당장 나와서 피해 보상하라! 피해 보상하라!"

그러나 김라멘 씨는 흥에 겨워 계속 노래를 부르며 중얼거렸다.

"김라멘이 누구야?"

그러다 문득 사람들이 자기를 찾고 있음을 알았다. 잠자리에 들려던 그는 잠옷 바람으로 현관문을 열고 나왔다.

"저기 나온다!"

사람들은 우르르 몰려들어 김라멘 씨를 에워쌌다.

"김라멘 씨, 뜨거운 물에 아무리 오래 두어도 익지 않는 이 라면을 누가 먹으라고 판 겁니까! 당장 돈을 돌려주든지 정상적인 컵라면으로 바꿔 주시오!"

"라멘 씨! 정말 장난쳐? 라면 한 그릇 먹으려다가 배고파서 쓰러질 뻔했다고."

"당신이 판 라면 여친이랑 같이 먹으려고 기다리다가 너무 안 익어서 여친이 날 두고 가 버렸어. 흑흑. 당신이 책임져."

김라멘 씨는 사람들의 항의를 무시하며 큰 소리로 말했다.

"웃기시네! 난 틀림없이 컵라면을 팔았다고! 컵에 라면이 들어 있으면 그게 컵라면이지. 라면이 익고 안 익고는 당신들 사정이니까 당장 돌아가시오. 물이나 제대로 끓여 넣어요들."

그는 현관문을 쾅 닫고 안으로 들어가 버렸다. 어안이 벙벙해진 사람들은 결국 김라멘 씨를 화학법정에 고소했다.

컵라면은 일반 라면보다 면의 굵기가 가늘고 뜨거운 물을
부었을 때 면에 열이 더 잘 퍼지는 성질이 있습니다.
이 때문에 컵라면이 일반 라면보다 더 빨리 익습니다.

여기는 화학법정

컵라면과 보통 라면의 면발은 어떤 차이가 있을까요?
화학법정에서 알아봅시다.

재판을 시작합니다. 피고 측 변론하세요.

라면이라면 꼬불꼬불한 노란 면발이잖아요? 그게 컵에 있으면 컵라면이고 냄비에 끓여 먹으면 보통 라면이지 면발에 무슨 차이가 있겠습니까?

화치 변호사는 두 라면의 면발에 대한 사전 조사를 하고 그런 말을 하는 건가요?

허허! 내가 그런 거 조사할 사람으로 보입니까? 나는 천재입니다. 그냥 내 머릿속에 있는 이야기를 하는 것뿐이지요.

맙소사!

케미 변호사 변론하세요.

라면 면발 연구소의 나면빨 박사를 증인으로 요청합니다.

꼬불꼬불한 라면 머리에 선글라스를 쓴 50대의 양복을 입은 남자가 증인석에 앉았다.

라면 면발 연구소는 뭘 하는 곳입니까?

새로운 라면 면발을 찾기 위해 끊임없이 노력하는 곳입니다.

그렇군요. 그럼 본론으로 들어가죠. 컵라면과 보통 라면이 차이가 있나요?

물론이죠.

어떤 차이가 있습니까?

우선 생긴 게 다릅니다. 컵라면의 라면은 낮은 온도에서도 빨리 익을 수 있도록 표면에 많은 구멍을 만들어 놓습니다. 그리고 라면은 밀가루를 주성분으로 하는데 밀가루만 사용하면 면의 쫄깃한 맛이 부족한 경우가 생깁니다. 따라서 최근에는 우리가 잘 알고 있는 전분을 밀가루에 조금 섞어 면을 만듭니다. 이 감자 전분이 밀가루보다 조금 빨리 익는데 컵라면의 라면에는 전분이 일반 라면보다 많아서 빨리 익게 되지요.

면발의 굵기는 어떤가요?

컵라면은 일반 라면보다 면의 굵기가 가늡니다. 그러니까 뜨거운 물을 부었을 때 면에 열이 더 잘 퍼지는 성질이 있지요. 이런 두 가지 이유 때문에 컵라면이 일반 라면보다 더 빨리 익는 것입니다.

아하! 그런 차이가 있었군요. 그렇다면 컵라면의 라면을 냄비에 넣고 끓이면 어떻게 되나요?

그건 괜찮습니다. 아마 더 고소할 겁니다.

당장 써먹어 봐야겠군요. 제가 라면 킬러라서. 재판장님, 판결을 부탁합니다.

케미 변호사, 그 라면 나도 맛 좀 봅시다. 나도 라면 킬러 아니오.

그러시지요. 라면 값만 내신다면.

웁스! 판결합니다. 컵라면으로는 컵라면용 라면을 사용해야 라면의 맛을 느낄 수 있다는 것을 오늘 재판을 통해 알게 되었습니다. 그러므로 이번 사건에 대해서는 김라멘 씨에게 전적으로 책임이 있다고 판결합니다.

재판을 급하게 마친 재판장은 케미 변호사와 함께 법정 당직실로 달려갔다. 두 사람은 끓는 물에 컵라면 두 개를 넣고 끓였다. 라면이 다 익어 갈 때쯤 화치 변호사가 나무젓가락을 들고 당직실로 들어왔다. 결국 세 사람이 두 개의 컵라면을 나누어 먹게 되었는데 그 맛이 끝내 주었다.

모든 녹색식물에 존재하는 부드러우며 아무 맛도 없는 백색 분말로 찬물이나 알코올 및 기타 용매에는 잘 녹지 않는다. 전분은 분말형태로 엽록체에 저장되거나, 감자의 덩이줄기, 옥수수나 밀 · 쌀의 씨와 같은 기관에 저장된다.
인간이나 다른 동물에서는 녹말이 당으로 분해되어 조직에 에너지를 공급한다.

죽 폭발

압력솥에 죽을 끓이면 폭발하는 이유는 무엇일까요?

죽 가게 '풀죽'은 새롭게 문을 열자마자 사람들로 발 디딜 틈이 없었다. 풀죽의 사장 허호믈 씨는 이러한 수요를 감당하기 위해 죽을 끓일 수 있는 압력솥을 대량 구매하기로 결정했다.

때마침 총알홈쇼핑에서는 압력솥을 판매하고 있었다. 화면의 왼쪽 끝에 '마감 임박'이라는 붉은 글자가 깜빡였다. 그것을 본 허호믈 씨는 마음이 다급해져 당장 전화기를 집어 들었다.

'텔렐렐렐레~ 텔렐렐렐레~.'

신호가 두 번 가더니 코감기 걸린 듯한 안내 목소리가 나왔다.

"저희 홈쇼핑을 이용해 주셔서 감사합니다. 절대 폭발하지 않는 압력솥 주문은 1번……."

안내의 말이 끝나기가 무섭게 허호믈 씨는 다이얼을 막 눌러 댔다. 드디어 상담원이 연결되자 성질 급한 허호믈 씨는 숨도 안 쉬고 말을 했다.

"그러니까 이 압력솥으로 모든 종류의 죽을 만들 수 있다 그 말씀이죠?"

"네네~ 두말하면 잔소리, 세말하면 입만 아픕니다."

상담원은 상냥한 목소리로 친절하게 상담해 주었다.

"그러면 일단 열 개 주문하겠습니다!"

압력솥은 총알 같은 배송으로 다음 날 당장 배달되었다. 성질 급하기로 둘째가라면 서러울 허호믈 씨는 압력솥을 받자마자 바로 요리에 들어갔다. 압력솥으로 호박죽, 팥죽, 콩죽, 참치죽, 채소죽, 전복죽 등을 만들어 넘쳐나는 손님들의 입맛을 충족시켰다.

처음 한두 시간은 역시 새것답게 성능이 아주 좋았다. 하지만 시간이 가면서 소리가 조금씩 이상해지기 시작했다.

'삐익, 삐익.'

"이게 무슨 소리지? 너 방귀 뀌었어?"

이상한 소리가 나자 허호믈 씨는 옆에 있는 직원을 다그쳤다.

"사장님 그게 아니고요, 압력솥에서 나는 소리 같아요."

"오늘 샀는데 이런 소리가 날 리 없어. 너 방귀 뀌고 시치미 떼는 거지?"

직원은 어이가 없었지만 대꾸도 못하고 영락없이 방귀쟁이 뿡뿡이가 되어 버렸다.

'분명 압력솥에 문제가 있는데, 내 말 안 듣고 큰일 날 거다. 두고 봐.'

허흐믈 씨는 몇 시간 뒤에야 콩죽을 만들던 압력솥과 팥죽을 만들던 압력솥이 이상하다는 것을 눈치 챘다. 그때였다.

'퍼엉! 펑펑!'

압력솥이 폭발한 것이다.

"으악! 이게 무슨 소리야? 핫 뜨거 뜨거 핫 뜨거 뜨거 핫……! 이건 또 뭐야?"

온몸에 콩죽과 팥죽을 뒤집어쓴 허흐믈 씨는 얼굴과 팔다리에 화상을 입고 당장 병원으로 실려 갔다.

병원에서 1주일 동안 입원 치료를 받고 퇴원한 허흐믈 씨는 압력솥을 판매한 총알홈쇼핑을 화학법정에 고소했다.

콩죽이나 팥죽처럼 점성이 강하거나 거품이 많이 발생하는 음식을 압력솥에서 조리할 경우 노즐이 막혀 폭발할 수도 있습니다.

압력솥에 팥죽이나 콩죽을 끓이면 왜 폭발할까요?

화학법정에서 알아봅시다.

재판을 시작합니다. 피고 측 변론하세요.

압력솥이라는 게 압력이 높은 밥솥이잖아요? 그러니까 주의하지 않으면 사고 날 수 있는 거 아닙니까? 제품 설명서와 주의 사항을 꼼꼼히 보고 조리를 하면 이런 사고는 안 일어났을 거 아닙니까? 따라서 허호믈 씨의 책임이 더 큽니다. 땅땅땅.

땅땅땅은 뭡니까?

재판을 마칠 때 세 번 두들기잖아요.

그건 내가 하는 겁니다.

아무나 하면 어때요, 뭐.

정말 준비 없는 변론이군요. 저 변론을 언제까지 들어야 하나? 케미 변호사, 변론하세요.

압력솥 연구소의 고압력 씨를 증인으로 요청합니다.

시큰둥한 표정의 다소 냉소적인 남자가 증인석에 앉았다.

증인은 어떤 일을 하고 있습니까?

알아맞혀 보시오.

지금 장난하는 겁니까?

싫음 말고.

뭐 저런 증인이 다 있지?

세상에는 여러 종류의 사람이 있는 거요.

그럼 본론으로 들어가 압력솥에 넣으면 안 되는 것이 뭐죠?

죽입니다.

왜 그런가요?

압력솥에는 뚜껑 사이에 고무 노즐이 있어 일정 압력 이상이 되면 노즐이 열리면서 압력을 낮춰 줍니다. 그러지 않으면 폭발하니까요.

그런데요?

그런데 콩죽이나 팥죽처럼 점성이 강하거나 거품이 많이 발생하는 음식을 압력솥에 넣으면 노즐이 막혀 폭발할 수 있지요.

아, 그렇군요. 또 조심해야 할 점이 있나요?

압력솥이 폭발하지 않아도 음식이 다 된 후 압력솥에서 나오는 김에 손을 가까이 가져가면 위험합니다.

그건 왜죠?

압력솥에서 나오는 수증기의 온도는 93도 정도로 가까이 대면

압력솥

압력솥은 솥을 밀폐해 압력을 높여서 일반적인 압력에서는 잘 삶아지지 않는 식품을 단시간에 조리하는 기구이다. 스테인리스나 알루미늄 같은 두꺼운 재료로 되어 있으며, 뚜껑을 밀착할 수 있도록 되어 있으며, 뚜껑에는 안전밸브 장치가 되어 있다.
사용할 때 안전밸브에 풀이나 이물질이 들어가 막히지 않도록 해야 한다.

화상을 입을 수 있으니까.

압력솥은 위험한 녀석이군요.

잘 사용하면 괜찮지요.

그야 그렇지만. 존경하는 재판장님, 이번 사건은 압력솥 회사의 책임이라기보다는 총알홈쇼핑의 쇼핑 호스트의 책임이라고 생각합니다. 왜냐하면 홈쇼핑 방송 중에 압력솥으로 죽을 잘 끓일 수 있다고 얘기했는데 지금 증인이 말한 것처럼 팥죽이나 콩죽을 끓이면 폭발할 수도 있기 때문입니다.

판결합니다. 홈쇼핑 회사에서는 기본적으로 소비자에게 제품에 대한 정확한 정보를 제공해 줄 의무가 있습니다. 특히 안

압력솥에 밥을 하면 왜 빨리 될까요?

끓는점을 높이는 압력밥솥

산에서 밥을 했을 때, 평소보다 물이 일찍 끓는 것을 볼 수 있다. 물이 끓고 한참 지나 밥이 다 된 줄 알고 뚜껑을 열었을 때 밥은 아직 익지 않았다.

쌀은 단순히 그 주변의 물이 끓어서가 아니라 쌀 자체가 충분히 열을 받을 때 익게 된다. 높은 산의 경우 기압이 낮아 물의 끓는점도 낮아진다. 즉 겉보기에 물은 팔팔 끓고 있지만 음식이 익을 만한 온도에는 훨씬 못 미치는 것이다. 이 때문에 산에서 밥을 할 때는 무거운 돌을 냄비 뚜껑 위에 올려놓아 쌀이 익도록 하는 것이다.

부엌에 있는 압력솥은 이와는 정반대의 현상을 이용했다. 압력솥은 물이 끓기 시작하면서 생기는 수증기가 밖으로 새어 나가지 않게 한다. 때문에 밥솥 안에서 압력이 높아지면서 물의 끓는점도 올라간다. 통상 외부보다 기압이 2배 가까이 높아져 물은 120도 이상에서 끓는다. 때문에 뜨거운 열이 쌀 알갱이로 전달돼 밥이 빨리 익게 되는 것이다.

가마솥도 열전도율이 높은 무쇠로 만들어져 열을 받으면 빠른 속도로 뜨거워진다.

전 사고가 우려되는 제품일 경우에는 더욱 그렇지요. 따라서 이번 사건에 대한 책임은 전적으로 총알홈쇼핑에서 져야 합니다.

소프라노 여왕 대회

크립톤 가스를 마시면 왜 꾀꼬리 같은 목소리가
고음 불가의 듣기 거북한 목소리로 변할까요?

오 대 오 가르마를 하고 양말이 다 보이는 좀 짧은 바지를 입은 사회자가 나왔다.

"네~ 시청자 여러분! 오래 기다리셨습니다. 오늘 드디어 소프라노 여왕 대회의 결승전이 열립니다!"

사회자는 흥분한 목소리로 카메라에 폭포수 같은 침을 튀기며 말했다. 침을 어찌나 많이 튀기던지 무대 앞에 앉은 관객들은 아예 우산을 펼쳐 들었다. 사회자는 전혀 신경 쓰지 않고 더 많은 침을 튀기며 이야기를 이어 갔다.

"아름다운 밤입니다. 오늘 소프라노로 뽑힌 사람은 상금 천만 원과 세계 여행 티켓을 받게 될 것입니다."

사람들은 어서 빨리 사회자의 수다가 끝나고 대결이 펼쳐지기를 기다렸다.

결승전에 오른 사람은 옥소리와 하모니였다. 둘은 무대 뒤에서 초조하게 자신의 차례가 되기를 기다리고 있었다. 어찌나 긴장을 했는지 굵은 땀방울이 얼굴을 타고 흘러내렸다. 옥소리와 하모니는 여고 동창으로 지금까지 노래는 물론 다른 분야에서도 선의의 경쟁자 관계였다.

"아, 이 오뚝한 콧날, 도톰한 입술, 아름다운 에스라인. 게다가 노래까지. 오우, 원더풀!"

교실 뒤 거울 앞에 서서 옥소리가 자신의 미모에 빠져 있노라면 꼭 하모니가 나타나서 거들곤 했다.

"우, 이 볼록한 이마, 쌍꺼풀 진 진한 눈, 게다가 이 환상적인 키까지. 완벽해."

거울에 비친 서로의 모습을 보며 거울 놀이 하는 것은 고등학교 시절 그들 최고의 놀이거리였다. 그렇게 서로 이끌어 주고 밀어주면서 이 자리까지 함께 서게 된 것이다.

"하모니, 긴장되지?"

"응! 진짜 떨려 죽겠어. 우리 둘 중 하나는 오늘 소프라노 여왕이 되겠지? 난 네가 된다 해도 정말 기쁠 거야."

"하모니, 넌 역시 너무 착해!"

"나도 알아. 난 너무 착해. 우후."

긴장을 풀기 위해 하모니가 썰렁한 농담을 했다.

"하모니, 무대 올라가기 전에 이거 마셔 봐. 긴장도 풀리고 목소리도 더 잘 나올 거야."

"정말? 고마워, 옥소리!"

하모니는 아무 의심 없이 옥소리가 건넨 풍선을 받았다.

옥소리의 멋진 무대가 끝나고 드디어 하모니의 차례가 되었다. 하모니는 옥소리가 건네준 풍선의 공기를 들이마시고는 무대에 올라가 노래를 부르기 시작했다. 그런데 이게 웬일인가! 평소 꾀꼬리 같던 하모니의 목소리는 온데간데없고 고음 불가의 듣기 거북한 목소리만 흘러나오는 것이었다. 결국 하모니는 노래를 다 부르지 못하고 무대를 내려와야 했다. 옥소리는 그런 하모니를 보고는 기분 나쁜 웃음을 흘렸다.

"넌 정말 친구도 아냐아. 내 목소리가 이게 뭐니이."

"아냐, 아냐. 일부러 그런 거 절대 아냐. 난 그냥 네가 긴장을 좀 풀었으면 해서……. 정말 미안해."

"됐거든."

이 모든 게 옥소리가 건넨 풍선 때문이라고 생각한 하모니는 옥소리를 화학법정에 고소했다.

헬륨 가스를 마시면 높은 음이, 크립톤 가스를 마시면 낮은 음이 나옵니다. 이것은 공기의 진동이 빠르거나 느리기 때문에 일어나는 현상입니다.

여기는 화학법정

크립톤 가스를 마시면 목소리가 어떻게 달라질까요?

화학법정에서 알아봅시다.

재판을 시작합니다. 피고 측 변론하세요.

풍선에 있는 공기를 마셨다고 목소리가 달라집니까? 하모니 양이 평소 목 관리를 제대로 안 해서 생긴 일이겠지요. 그러므로 옥소리 양은 책임질 일이 전혀 없다는 것이 본 변호사의 의견입니다.

원고 측 변론하세요.

이번 사건을 수사한 이추리 형사를 증인으로 요청합니다.

예리한 눈빛을 가진 30대 초반의 형사가 증인석에 앉았다.

증인은 하모니 양의 고소로 현장을 조사했지요?

예.

뭔가 이상한 점이 있었습니까?

풍선 안에 있던 게 보통의 공기가 아니었습니다.

그게 뭐였나요?

국립과학수사연구소에 의뢰한 결과 풍선 안에는 크립톤이라는 기체가 들어 있었습니다.

그게 어떤 기체인가요?

헬륨처럼 다른 물질들과 잘 반응하지 않는 기체입니다.

그런데 왜 목소리가 달라지죠?

헬륨 가스를 마셔도 달라지잖아요.

그렇죠. 높은음으로 변하지요.

반면 크립톤 가스는 마시면 낮은음으로 변하게 됩니다.

좀 더 자세히 설명해 주세요.

소리는 공기를 진동시켜서 만드는 파동입니다. 그래서 소리를 음파라고도 부르지요. 성대에서 공기를 진동시키면 그 진동이 옆으로 전달되어 다른 사람의 귀의 고막을 떨리게 만듭니다. 이때 공기의 진동이 빠르면 높은음이, 진동이 느리면 낮은음이 나오지요. 그런데 헬륨은 공기보다 가벼워서 진동이 더 빠르게 일어나니까 높은음이 나오는 것입니다.

그럼 크립톤은요?

크립톤은 공기보다 무겁습니다. 따라서 진동이 느리게 일어나고 진동수가 작아져 낮은음이 나오는 것입니다.

이제야 조금 알겠군요. 재판장님도 느끼셨죠?

물론입니다. 우승을 하기 위해 악의적인 방법까지 동원하는 것을 보니 마음이 아프군요. 이번 사건은 명백하게 옥소리 양의 유죄로 결론이 났고 소프라노 대회의 우승도 박탈하는 것으로

판결하겠습니다.

재판이 끝난 후 하모니는 옥소리에 대한 선처를 부탁했다. 법정에서는 하모니의 아름다운 마음씨에 감동하여 옥소리에게 단순 경고만을 하기로 했다.

소프라노 대회가 다시 열렸고 대회 참가 자격이 없는 옥소리는 다른 사람들과 함께 열심히 하모니를 응원했다. 결국 새롭게 치른 대회의 우승자는 예상대로 하모니였다.

공기보다 3배 정도 무겁고 무색 · 무미 · 무취이다. 천연 가스와 온천 · 화산에서 내뿜는 기체에 미량 존재하나 지구 대기에는 많이 존재한다. 1898년 영국의 화학자 윌리엄 램지와 모리스 트래버스가 액화공기를 전부 끓여 증발시킨 잔류물에서 발견했다. 낮은 압력에서 크립톤이 들어 있는 유리관에 전류를 통하면 푸른색을 띤 백색광이 나온다.

기체의 용해도

용질은 소금이나 설탕처럼 꼭 고체일 필요는 없습니다. 용매를 물로 용질을 알코올로 하면 알코올 용액이 만들어지지요. 이렇게 용질이 액체인 경우도 있습니다. 그렇다면 기체 상태의 물질도 용질이 될 수 있을까요? 물론입니다. 기체 물질들도 물에 녹을 수 있습니다.

기체가 얼마나 많이 물에 녹는지는 기체의 종류에 따라 다릅니다. 산소나 수소는 물에 거의 녹지 않고 이산화탄소는 조금 녹지요. 또 암모니아나 염화수소와 같은 기체 물질은 물에 아주 잘 녹는 성질을 가지고 있습니다.

여러분은 생일날 샴페인을 터뜨리는 모습을 본 적이 있을 것입니다. 또 콜라 캔을 마구 흔든 다음 뚜껑을 열면 콜라가 넘치는 모습도 보았을 거예요. 왜 그럴까요? 샴페인이나 콜라와 같은 음료를 탄산음료라고 합니다. 탄산음료는 이산화탄소가 물에 녹아 있는 음료입니다. 이렇게 물에 다른 물질이 녹아 있는 것을 용해라고 합니다. 예를 들어 설탕물은 물에 설탕이 용해되어 있지요.

하지만 이산화탄소와 같은 기체는 설탕과 같은 고체보다 물에 녹기가 어렵습니다. 그러므로 외부에서 높은 압력으로 이산화탄소를 억지로 물속에 녹아 있게 하는 것이지요.

콜라나 사이다 같은 탄산음료는 높은 압력으로 이산화탄소를 녹게 한 물(소다수)에 다른 물질을 넣어 만든 음료수입니다. 그러므로 콜라나 사이다 병 속에는 공기의 압력이 높습니다. 그 압력 때문에 이산화탄소가 녹아 있다가 뚜껑을 열면 병 속의 공기가 대기로 날아가 압력이 낮아지므로 음료 속의 이산화탄소가 대기로 빠져 나가면서 주위의 음료를 밀어내지요. 그래서 콜라나 사이다는 음료의 알갱이가 위로 튀어 오르는 성질이 있답니다.

고체나 액체의 용해도는 온도가 올라갈수록 커집니다. 그렇다면 기체의 용해도와 온도는 어떤 관계가 있을까요?

기체의 용해도는 오히려 온도가 올라갈수록 작아집니다. 차가운 콜라와 뜨거운 콜라 중 어느 것이 거품이 더 많이 생길까요? 정답은 뜨거운 콜라입니다. 뜨거워지면 용해도가 작아져서 콜라 속의 이산화탄소가 밖으로 나오게 되지요. 그래서 거품이 많이 생기는 것입니다.

부분압의 법칙

화학자 존 돌턴은 기상학을 연구하던 중 공기를 비롯한 기체의 성질에 관심을 가지게 됩니다. 기체는 온도가 올라가면 압력이 커지게 되는데 뉴턴을 비롯한 과학자들은 이것이 온도가 올라가면 기체들 사이의 반발력이 커지기 때문이라고 생각했습니다. 하지만 공기는 산소와 질소로 이루어져 있고 기체들 사이의 반발력이 생기면 무거운 산소 원자는 아래로 가라앉고 가벼운 질소 원자는 위로 올라가 산소층과 질소층으로 나뉜다는 모순이 생기게 됩니다.

이 문제를 해결하기 위해 돌턴은 같은 종류의 기체 원자끼리는 반발하지만 다른 종류의 기체와는 반발하지 않는다는 가정을 하게 됩니다. 즉 산소끼리 혹은 질소끼리는 반발하지만 산소와 질소 사이에는 반발이 없어 두 기체가 공기 속에서 골고루 섞여 있다는 것입니다.

따라서 공기의 압력은 산소 기체가 만들어 내는 압력(산소의 부분압)과 질소 기체가 만들어 내는 압력(질소의 부분압)의 합이 된다는 것이 돌턴의 '부분압의 법칙' 입니다.

| 돌턴 John Dalton, 1766.9.6~1844.7.27 |

영국의 화학자이자 물리학자이다. 화학적 원자론의 창시자로 기체의 압축에 의한 발열, 혼합기체의 압력, 기체의 확산혼합, 액체에 대한 기체의 흡수 등에 관한 연구를 발표하였다. 특히 그의 연구 결과 중 하나인 기체의 부분압력의 법칙은 지금까지도 '돌턴의 부분압력의 법칙'으로 불리고 있다.

원자설을 바탕으로 하여 화학을 설명한 《화학의 신체계》(3부, 1808~1827)에서 그는 '배수비례의 법칙'을 발견하였는데(1804), 이 발견은 화학의 발달을 촉진시키는 데 크게 기여하였다.

| 뉴턴 Isaac Newton, 1642.12.25~1727.3.20 |

영국의 물리학자 · 천문학자 · 수학자 · 근대 이론 과학의 선구자이다. 수학에서 미적분법 창시, 물리학에서 뉴턴 역학의 체계 확립, 이것에 표시된 수학적 방법 등은 자연과학의 모범이 되었고, 사상면에서도 역학적 자연관은 후세에 커다란 영향을 끼쳤다.

수학에서 미적분법 창시, 물리학에서 뉴턴 역학의 체계 확립, 이것에 표시된 수학적 방법 등은 자연과학의 모범이 되었고, 사상면에서도 역학적 자연관은 후세에 커다란 영향을 끼쳤다.

제3장

기화와 액화에 관한 사건

기름에 물이 튀었어요

펄펄 끓는 기름에 찬물 한 바가지를 부으면 어떤 일이 일어날까요?

"드디어 나도 매일 출근할 곳이 생기는구나."

"취직해서 행복해요."

유바삭 씨는 취직이 되었다는 연락을 받고 여기저기 자랑을 했다. 그는 몇 년간의 지루한 백수 생활을 끝내고 '기름에 빠진 날' 이라는 튀김 전문 식당에 주방 보조로 취직했다.

"처음 뵙겠습니다. 여기서 일하게 되어 완전 좋아좋아요. 앞으로 잘 부탁드릴게요."

유바삭 씨는 같이 일하게 될 동료들에게 인사를 하고 펄펄 끓는 기름 앞으로 갔다.

"바삭 씨가 진짜 바삭하게 잘 튀겨 봐요. 여기서 튀김옷을 입고 꽃단장을 하고 오는 튀김을 재빨리 튀겨 내는 게 바삭 씨가 할 일이니까요."

한고참 씨가 유바삭 씨에게 앞으로 해야 할 일을 설명해 주었다. 유바삭 씨는 힘들게 얻은 일자리라 그 어느 때보다 의욕에 차 있었다. 그는 배에 힘을 주고 큰 소리로 대답했다.

"당근이죠! 앞으로 절 튀김의 아버지라 불러 주세요."

유바삭 씨는 당장 양팔을 걷어붙이고 튀김옷이 입혀진 튀김 앞으로 달려들었다. 까불거리기는 했지만, 그는 젓가락으로 튀김 하나하나를 정성스럽게 집어 기름에 퐁당퐁당 빠뜨렸다. 튀김은 유바삭 씨의 부산하지만 절도 있는 손길로 노릇노릇 바삭하게 튀겨졌다.

유바삭 씨는 모든 게 만족스러웠다. 딱 한 가지 마음에 안 드는 게 있다면 튀김을 넣을 때마다 뜨거운 기름이 얼굴에 튀는 것이었다.

"앗, 뜨거! 왜 자꾸 이러는 거야!"

기름이 튈 때마다 액션 배우처럼 이리저리 얼굴을 돌렸다. 하지만 한두 번도 아니고 튀김을 넣을 때마다 기름이 튀자 슬슬 짜증이 났다. 잠시 후 뜨거운 기름 한 방울이 다시 한 번 유바삭 씨의 얼굴로 돌진해 왔다.

"네 이 녀석! 이 얼굴이 어떤 얼굴이라고 감히 돌진해 오는 거냐?"

결국 유바삭 씨는 특단의 조치를 내리기에 이르렀다.

"더 이상은 못 참아! 나 말리지 마."

심상치 않은 분위기를 눈치 챈 동료들이 말릴 틈도 없이 유바삭 씨는 찬물 한 바가지를 기름에 부었다. 그런데 어찌 된 일인가! 유바삭 씨의 기대와 달리 기름은 성난 코뿔소처럼 더욱 발광하며 폭발적으로 튀기 시작했다.

"엄마야!"

가장 큰 피해를 본 것은 물론 유바삭 씨였다. 하지만 사건은 거기에 그치지 않고 기름 옆에서 일하고 있던 동료들까지 덮쳐 '기름에 빠진 날' 직원들 모두가 병원에 실려 가게 되었다.

이 일로 '기름에 빠진 날'은 1주일가량 영업을 할 수 없었고, 이에 한고참 씨는 유바삭 씨를 화학법정에 고소했다.

끓는 기름에 물이 떨어지면 순간적으로 물의 끓음이 일어나
수증기로 변하면서 기름을 튀게 만듭니다.

여기는 화학법정

끓는 기름에 물이 떨어지면 어떤 일이 벌어질까요?

화학법정에서 알아봅시다.

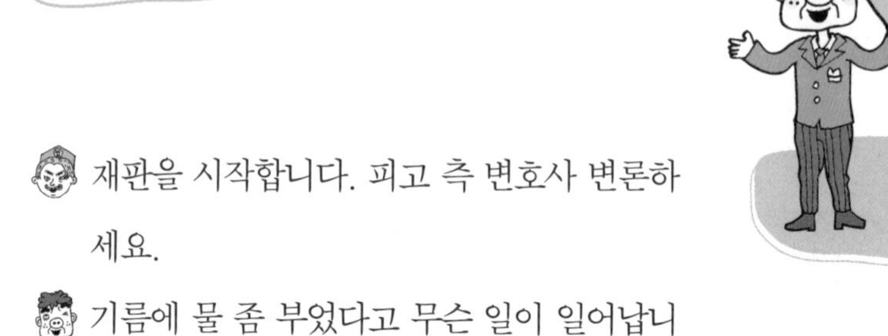

재판을 시작합니다. 피고 측 변호사 변론하세요.

기름에 물 좀 부었다고 무슨 일이 일어납니까? 물과 기름은 안 섞이잖아요.

화치 변호사, 무슨 일 일어났어요.

무슨 일이 일어났나요?

폭발 사고요.

그런데 난 왜 그런 자료가 없지?

그만둡시다. 원고 측 변론하세요.

국립기화연구소의 이기화 소장을 증인으로 요청합니다.

노란 양복에 붉은색 나비넥타이를 맨 30대 후반의 남자가 증인석에 앉았다.

증인은 어떤 일을 합니까?

기화에 대한 연구입니다.

기화가 뭔가요?

액체가 기체로 변하는 것을 기화라고 합니다. 또 반대로 기체가 액체로 되는 것을 액화라고 부르지요. 우리 연구소는 기화 현상에 대한 많은 연구를 하고 있습니다.

액체가 저절로 기체가 되나요?

그렇지는 않습니다. 액체 분자들이 가지고 있는 에너지는 기체 분자들이 가지는 에너지보다 작습니다. 그러니까 액체를 기체로 만들려면 외부에서 에너지를 공급해 주어야 합니다.

그럼 본론으로 들어가서 왜 이번 폭발이 일어난 거죠?

끓는 기름에 물을 섞으면 아주 위험합니다.

그건 왜죠?

폭발이 일어나기 때문이죠.

그런데 생선을 끓는 기름에 넣어도 기름이 튀지 않습니까?

생선 속에도 물기가 있기 때문이지요.

그럼 끓는 기름에 물을 부으면 왜 튀게 되는 건가요?

물은 100도에서 끓으면서 액체에서 기체인 수증기가 되는데

고체, 액체, 기체는 에너지를 흡수하고 방출함에 따라 상태 변화가 일어난다.
그중 기체에서 액체로의 변화는 높은 에너지 상태에서 낮은 에너지 상태로의 변화이므로 에너지를 밖으로 배출해 분자의 운동 에너지가 줄어들게 되고, 분자간 거리가 가까워짐에 따라 분자간의 인력이 커져서 액체로 변하는 물리적 변화가 일어난다.

이것을 끓음이라고 부릅니다. 물방울이 뜨거운 기름 속에 들어가는 순간 튀는 이유는 바로 물의 끓음 때문입니다.

좀 더 자세히 말씀해 주세요.

끓는 기름의 온도는 보통 160도에서 200도 정도입니다. 이런 온도의 기름에 물을 넣으면 순간적으로 물의 끓음이 일어나 기체인 수증기로 변해 밖으로 뛰쳐나오면서 기름을 튀게 만듭니다.

잘 알겠습니다. 이번 사건은 유바삭 씨가 안전에 대한 고려 없이 자신의 생각만으로 위험한 반응을 일으켰다고 생각할 수밖에 없습니다. 그러므로 이번 사고의 책임은 전적으로 유바삭 씨에게 있다고 생각합니다.

판결합니다. 물이 기름에 섞이지 않을 거라는 생각, 그리고 물이 끓는 기름의 온도를 낮춰 줄 거라는 생각이 이 같은 사고를 불러왔으므로 이번 사고에 대한 책임은 원고 측 주장대로 유바

기화

고체, 액체, 기체로 진행됨에 따라 분자의 운동은 더욱 활발해진다. 이러한 활발한 운동은 보통 열에너지의 흡수 때문이며 특히 액체에서 기체로 변화가 일어날 때 주위로부터 흡수한 열을 기화열 또는 증발열이라 한다.

증발과 끓음

액체가 표면에서 기체로 변하는 현상을 증발이라 하고 액체의 표면뿐만 아니라 내부에서도 기체로 변하는 현상이 일어나는 것을 끓음이라 한다. 증발과 끓음은 모두 기화 현상이며 주위로부터 열을 빼앗는다. 여름에 마당에 뿌려 놓은 물이 증발되면서 주위가 시원해짐을 느끼는 것도 이 때문이다.

삭 씨에게 있다고 판결합니다. 앞으로 어떤 화학 반응이든지 간에 무서운 폭발이 일어날 수 있다는 것을 많은 사람들이 이번 사고를 통해 교훈 삼았으면 하는 게 제 바람입니다.

양초 유령 사건

모두 꺼진 줄 알았던 양초의 불이
순식간에 되살아난 것은 누구의 짓일까요?

큐티시티에 위치한 작고 예쁜 집이 매물로 나왔다. 그 집에는 조용히 차를 마실 수 있는 작은 공간이 있었다. 또한 집 뒤에는 낮은 산이 자리 잡고 있고, 앞에는 맑은 냇물이 흘러 전형적인 배산임수 형태를 띠었다. 흠잡을 데 없는 이 집의 새로운 주인은 나작가 씨였다.

신선한 공기와 조용하고 아름다운 주변 환경은 사색하고 글을 쓰는 직업을 가진 나작가 씨에게는 더할 나위 없이 매력적인 조건이었다.

나작가 씨는 이 집에 이사 온 이후 많은 작품들을 썼으며, 사람들로부터 좋은 평가를 받았다. 그는 글을 쓸 때 방 여기저기에 촛불을 켜 두었는데, 분위기를 내기 위해서가 아니었다.

"이 집은 다 좋은데 주변에 농사짓는 사람이 많아서 가축의 똥 냄새가 너무 많이 난단 말이야."

그날도 나작가 씨는 방 여기저기에 촛불을 켜 둔 채 날이 저물도록 글을 썼다. 시계는 어느덧 밤 12시를 가리켰다.

"벌써 시간이 이렇게 됐나?"

나작가 씨는 훌쩍 흘러 버린 시간에 놀라며 잠자리에 들기 위해 촛불을 하나씩 끄기 시작했다.

"초 하나, 초 둘, 초 셋……."

그는 초를 하나씩 세며 불을 모두 끈 후에야 침대에 들어 마지막으로 침대 옆에서 타고 있는 촛불을 껐다.

"정말 아름다운 집이야. 역시 내 안목은 탁월해."

나작가 씨는 흐뭇한 미소를 짓고는 이불을 목까지 끌어올렸다. 그때였다! 분명히 촛불을 모두 껐다고 생각했는데 거실에서 양초 하나가 아직도 활활 타고 있는게 아닌가. 그는 이상하게 여기며 촛불을 끄기 위해 자리에서 일어나려 했다. 그 순간 방 안에 있는 다른 초에서도 불꽃이 일며 촛불이 켜졌다.

"끄아악!"

'쿵!'

놀란 나작가 씨는 발버둥을 치다가 그만 침대에서 떨어지고 말았다. 게다가 떨어지면서 잘못 부딪혀 몸을 옴짝달싹할 수가 없게 되었다. 그는 목청껏 고함을 질렀다.

"살려 주세요. 귀신이면 물러가고 사람이면 구해 주세요."

하지만 인적이 드문 마을에서 나작가 씨의 SOS를 듣고 달려와 줄 사람은 없었다. 그날 나작가 씨는 몸이 굳은 채 뜬눈으로 밤을 새워야 했다.

다음 날 나작가 씨는 유령이 나오는 집을 판 부동산 업자를 화학법정에 고소했다.

양초의 불을 끈 직후에도 연기에 불이 붙는 것은
파라핀 성분이 꺼진 양초의 주위에 남아 있기 때문입니다.

여기는 화학법정

양초 유령은 어떻게 나타났을까요?
화학법정에서 알아봅시다.

재판을 시작합니다. 원고 측 변론하세요.

유령이 나오는 집을 팔다니 요즘에도 그런 나쁜 업자가 있나? 그런데 나 유령하고 친구하고 싶은데, 내가 그 집을 싸게 사면 안 될까요?

화치 변호사! 변론이나 하세요.

헉!!

더 할 말 없습니까?

어제 몸살 기운이 있어서……. 콜록콜록.

에구, 저 화상! 피고 측 변론하세요.

잘부터 양초공장의 김초 공장장을 증인으로 요청합니다.

노타이에 붉은색 양복을 입은 40대 남자가 증인석에 앉았다.

증인은 양초 전문가가 맞습니까?

그렇습니다.

이번 사건에 대해 어떻게 생각합니까? 진짜 유령이 있다고 믿

습니까?

그럴 리가요. 요즘 세상에 유령이 어디 있습니까?

하긴…… 그럼 이런 일이 과학적으로 가능합니까?

가능할 것 같습니다.

정말로요?

예.

어떤 원리로 가능하죠?

양초가 꺼진 후에도 연기에 불이 붙을 수 있습니다.

그게 정말인가요?

양초의 주성분은 파라핀이죠.

파라핀이 뭐죠?

파라핀은 석유를 정제하는 과정에서 나오는 부산물의 하나로서 왁스 종류인 유분을 제거한 것입니다.

그럼 양초의 불을 끈 직후에도 연기에 불이 붙는 이유는 뭐죠?

기화된 파라핀 성분이 꺼진 양초의 주위에 남아 있기 때문입니다. 그래서 연기에 불을 붙이면 양초에 다시 불이 붙는 것이지요.

뭐야, 유령이 아니었잖아요. 그렇다면 나작가 씨는 무고한 부동산 업자를 고소해 망신을 주었으니 그 책임을 져야겠군요.

그런 것 같군요. 유령이 있느냐 없느냐 하는 문제는 현대 과학으로 완전히 풀 수 없는 문제입니다. 하지만 좀 더 과학적으로

조사해 보면 유령이 한 행동처럼 보이는 현상이 사실은 과학적으로 일어날 수 있는 일이라는 것을 알 수 있을 것입니다. 그러므로 그런 과학적 조사 없이 부동산 업자를 고소한 나작가 씨는 부동산 업자에게 정중하게 사과하세요.

양초의 불꽃은 크게 세 부분으로 나뉜다. 가장 바깥쪽은 겉불꽃으로 산소 공급이 잘 돼 완전 연소가 일어난다. 온도도 섭씨 1400도로 가장 높아 불꽃의 색깔을 거의 볼 수 없다. 가운데 부분은 속불꽃인데, 산소 공급이 부족해 생긴 그을음(탄소 알갱이)이 열을 받아 가장 밝게 빛나고, 온도는 섭씨 600도 정도이다. 가장 안쪽의 검은 부분은 불꽃심으로 그을음이 가장 많이 생기며 온도는 300~400도 정도이다. 양초의 불꽃 위를 금속 망으로 덮으면 가장 안쪽이 검게 보이는 것도 이 때문이다.
양초는 탄소와 수소가 주성분인 파라핀 왁스가 가장 많은 비중을 차지한다. 완전 연소하면 이산화탄소와 수증기가 발생하지만 심지 부근은 산소와 접촉할 기회가 적어 불완전 연소가 일어난다. 따라서 미처 타지 못한 파라핀의 증기 성분에 불을 붙이면 더 탈 수 있게 되는 것이다.

뜨거운 오렌지 주스

오렌지 주스를 100도가 아니라 98도로 끓이는 이유는 뭘까요?

탄산음료 회사 '트림드림'의 사장 사이다 씨는 며칠째 회사에서 밤을 새우다시피 했다. 웰빙 시대에 맞춰 새롭게 출시된 경쟁사의 오렌지 주스로 인해, 사이다 씨 회사의 탄산음료가 생각만큼 팔리지 않았기 때문이다.

"페시 상무, 이대로 가다간 우리 회사가 문을 닫아야 할지도 몰라……."

"사장님 나빠요. 그럼 난 갈 데가 없어요."

"오버하기는. 내가 당장 망한다고 했나? 우리 제품을 더욱 차별화하지 못하거나 치명타를 줄 만한 상대 회사의 약점을 잡지 못하는 한 그렇다는 말이지."

사이다 사장은 페시 상무에게 걱정을 늘어놓았다. 트림드림은 그야말로 초상집 분위기였다. 고개를 숙이고 있던 페시 상무가 어렵게 말문을 열었다.

"사장님, 사실은 오렌지 주스 회사의 제조 과정을 조사하던 도중 오렌지 주스를 만드는 과정에서의 약점을 발견했습니다만……."

그 말을 들은 사이다 사장이 자리를 박차고 일어나며 소리쳤다.

"그게 정말인가? 왜 그걸 이제야 말하는 건가?"

"그건 내 마음이지."

"이 사람이! 사장을 데리고 장난치나?"

"뻥이에요."

사이다 사장은 욱하는 마음을 가라앉히고 페시 상무에게 어서 말을 하라고 재촉했다.

"오렌지 주스 회사에서는 오렌지 주스를 98도로 가열하여 플라스틱 병에 담고 있습니다. 소비자들이 먹게 되는 오렌지 주스는 뜨겁게 끓인 오렌지 주스를 식힌 것입니다. 이렇게 되면 뜨거운 주스가 페트병을 녹이기 때문에 그 플라스틱 성분도 함께 먹게 됩니다."

"그게 징말인가! 이런 해삼 버섯 말미잘 같으니라고. 먹는 것에 어찌 그런 짓을 할 수 있단 말인가! 저질스러운 인간들! 당장 기자들을 불러, 이 사실을 알리게."

"니가 하세요."

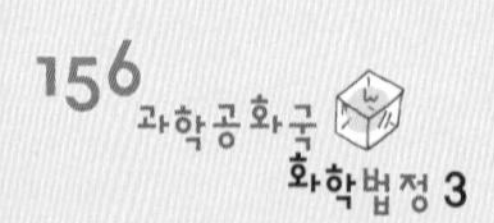

"페시 상무! 너나 잘하세요."

"아, 예~."

다음 날 〈딴소리 일보〉에는 오렌지 주스에 대한 위험성을 알리는 경고 기사가 대문짝만하게 났다.

"오렌지 주스, 이래도 드시겠습니까?"

신문을 집어 든 오렌지 주스 회사의 한상큼 사장은 신문 잡은 손을 부들부들 떨며 이를 갈았다.

"사이다 사장, 오렌지의 이름으로 용서하지 않겠다!"

이렇게 해서 탄산음료 회사와 오렌지 주스 회사의 경쟁은 화학법정으로까지 넘어가게 되었다.

오렌지 주스를 끓이는 이유는 원료 지체나
페트병에 남아 있을지 모르는 미생물을 제거하기 위해서입니다.

왜 오렌지 주스는 뜨겁게 만들어 식힐까요?
화학법정에서 알아봅시다.

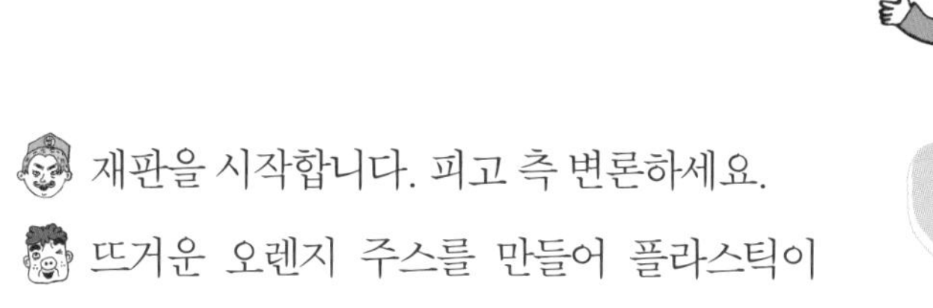

재판을 시작합니다. 피고 측 변론하세요.

뜨거운 오렌지 주스를 만들어 플라스틱이 녹아 있는 오렌지 주스를 국민들에게 먹인 사람이 무슨 할 말이 있어 고소를 하는 거야? 대국민 사과부터 해야지.

정말 플라스틱이 녹아 있습니까?

당연한 거 아닙니까.

이의 있습니다. 지금 피고 측 변호사는 아무 근거도 없는 주장을 하고 있습니다.

인정합니다. 화치 변호사는 오렌지 주스에 플라스틱이 녹아 있다는 근거를 제출하세요.

그런 거 없는데요.

그럴 줄 알았어요. 원고 측 변론하세요.

오렌지 연구소의 오난지 박사를 증인으로 요청합니다.

오렌지 빛이 나는 재킷을 걸쳐 입은 40대 남자가 증인석에 앉았다.

오렌지 연구소는 뭘 하는 곳입니까?

어떻게 하면 가장 맛있고 건강에 좋은 오렌지 주스를 만들까를 연구하는 곳입니다.

오렌지 주스를 끓여서 페트병에 담는다는 게 사실입니까?

예.

왜 그렇습니까?

오렌지 주스는 98도로 끓인 후 페트병에 담습니다. 그 이유는 원료나 페트병에 있을 수 있는 미생물을 제거하기 위해서이지요.

그럼 왜 98도로 끓이지요? 100도도 아니고.

100도를 넘으면 오렌지 속에 들어 있는 몸에 좋은 비타민이 파괴되기 때문입니다.

그럼 페트병은 녹지 않습니까?

지금 사용되는 페트병은 특수 내열 처리가 되어 있어 100도에도 녹지 않고 잘 견딥니다.

그럼 안전한 주스군요. 재판장님 게임 끝났지요?

그런 것 같군요. 빈약한 과학적 근거로 국민에게 좋은 비타민이 들어 있는 과일 주스를 공급하려는 회사를 마치 불량 주스를 만드는 회사로 매도한 트림드림 측에 큰 잘못이 있다고 생각합니다. 트림드림은 재판이 끝나면 바로 대국민 사과 방송과 오렌지 주스는 안전하고 건강에 좋은 것이라는 광고를 내기 바랍니다.

재판이 끝난 후 트림드림은 법정의 명령을 따랐다. 사이다 사장은 오렌지 주스가 미생물도 없고 비타민이 풍부한 좋은 주스라는 것을 방송에서 밝혔고 신문에도 다음과 같은 사과문을 실었다.

오렌지 주스는 안전합니다.

- 트림드림의 사이다 사장

비타민은 매우 적은 양으로 물질 대사나 생리 기능을 조절하는 필수적인 영양소이다. 소량으로 신체 기능을 조절한다는 점에서 호르몬과 비슷하지만 호르몬과 달리 비타민은 체내에서 합성되지 않으므로 외부로부터 섭취해야 한다. 이렇게 체내 합성 여부에 따라 호르몬과 비타민이 구분되기 때문에 어떤 동물에게는 비타민인 물질이 다른 동물에게는 호르몬이 될 수 있다. 예를 들어 비타민 C는 사람에게는 비타민이지만 토끼나 쥐를 비롯한 대부분의 동물은 몸 속에서 스스로 합성할 수 있으므로 호르몬이다.

비타민은 탄수화물 · 지방 · 단백질과는 달리 에너지를 생성하지 못하지만 몸의 여러 기능을 조절한다.

끈 풀린 운동화

비운의 육상 선수인 철수의 운동화 끈을
어떻게 하면 안 풀리게 할 수 있을까요?

"운동화 끈 좀 단단히 매 줘."

철수는 긴장되는지 계속 물을 들이켜며 말했다.

"알았어! 너 나 못 믿냐? 나 이래 봬도 육상 매니저 10년차라고."

"아, 그러세요. 근데 왜 믿음이 안 가냐. 흐흐흐."

"너 자꾸 그럴래?"

철수의 매니저인 마니저는 온 힘을 다해 부들부들 떨기까지 하며 운동화 끈을 꽉 매 주었다.

철수는 5천 미터 달리기 대회의 강력한 우승 후보였다. 그는 그동안 경기 도중 운동화 끈이 풀어지는 불운으로 인해 번번이 우승을 놓쳤다. 이를 안타깝게 여긴 학교에서 이번에는 철수에게 개인 매니저를 붙여 주었다. 그 매니저는 육상계에서 운동화 끈 안 풀리게 묶기로 이름난 사람이었다.

"자, 됐어!"

마니저는 운동화 끈을 다 매고는 철수의 발등을 툭툭 쳤다.

"땡큐 베리 감사."

잘생기지는 않았지만 은근히 매력 있는 철수는 입을 굳게 다문 채 비장한 표정으로 걸어 나갔다. 쟁쟁한 선수들이 철수 양옆에 자리 잡고 섰다. 철수는 다른 선수들처럼 양발을 번갈아 딛기를 반복하며 몸을 풀었다. 잠시 후 준비를 알리는 호루라기가 울리고 모든 선수들은 레인 앞에 자세를 잡고 앉았다.

'탕!'

드디어 출발 총소리가 울리고 선수들은 젖 먹던 힘까지 내어 달리기 시작했다. 역시 스타트는 철수가 가장 빨랐다. 두 바퀴를 돌 때까지 철수는 선두 자리를 놓치지 않고 있었다. 두 번째 주자와도 거리가 꽤 벌어져 있었다. 이번 경기의 우승자는 이미 결정된 것이나 마찬가지였다.

"그렇지 철수야, 이제 한 바퀴야. 오빠 달려!"

흥분한 매니저의 응원 소리가 운동장에 쩌렁쩌렁 울렸다.

그런데 마지막 한 바퀴를 남겨 두고 그동안 철수를 따라다니던 불운의 그림자가 다시 그 모습을 드러냈다. 철수의 운동화 끈이 풀린 것이다. 이번에는 운동화 끈 따위 때문에 질 수 없다고 모질게 마음을 먹고 끝까지 달렸다. 그러나 발밑에서 마구 뒤엉킨 운동화 끈이 발목을 잡았고, 철수는 그대로 꽈당 넘어지고 말았다. 철수의 코에서는 피가 줄줄 흘러내리고 무릎도 흉하게 까져 말이 아니었다.

갑작스러운 사고에 놀란 마니저가 철수 곁으로 뛰어왔다. 마니저는 철수의 팔을 잡고는 일으키려 했다.

"이것 놔요!"

철수는 냉정하게 그 손을 뿌리쳤다. 철수의 두 눈에는 원망과 분노의 뜨거운 눈물이 흘러내리고 있었다.

"난 최선을 다해 묶어 주었을 뿐이라고."

"웃기지 마. 달리긴 내가 했어, 끈은 니가 묶었고. 끈 때문에 또 못 달린 거야. 구차한 변명 하지 마."

다음 날, 학교는 운동화 끈을 확실히 묶지 못한 마니저를 화학법정에 고소했다.

운동화 끈의 매듭에 물을 떨어뜨린 다음 매듭을 당겨 주면 끈이 풀리지 않습니다. 운동 중에 수분이 증발하면서 끈을 더욱 단단하게 당겨 주기 때문입니다.

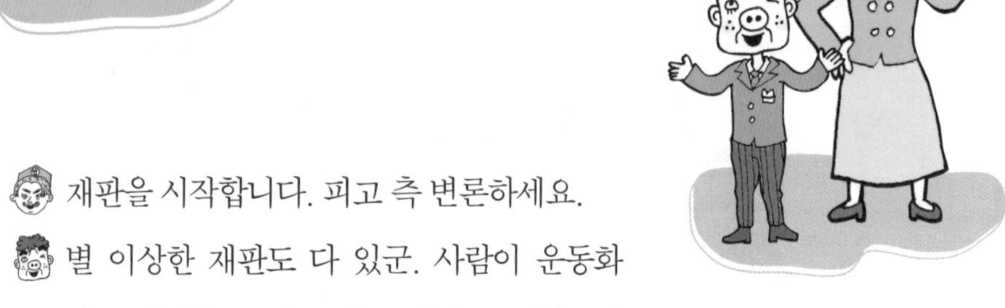

재판을 시작합니다. 피고 측 변론하세요.

별 이상한 재판도 다 있군. 사람이 운동화 신고 다니다 보면 끈이 풀릴 수도 있지. 뭘 그런 걸 갖고 법정에 고소까지 하고 난리야. 마니저 씨 힘내세요. 기죽지 말고.

화치 변호사! 또 감정적인 변론을 할 건가요?

이건 나의 콘셉트입니다.

콘셉트는 무슨 얼어 죽을……. 원고 측 변론하세요.

국립증발연구소의 주러디 박사를 증인으로 요청합니다.

핑크빛 파마머리를 한 30대 중반의 여자가 증인석에 앉았다.

증발연구소는 뭘 하는 곳입니까?

물의 증발에 대한 연구를 하는 곳입니다.

증발이라면 물이 줄어드는 거 말인가요?

예, 맞습니다.

왜 물이 줄어드는 거죠?

물 표면의 물 분자가 에너지를 얻어 기체인 수증기로 변하기 때문이지요.

끓는 것과 같은 현상이 아닌가요?

액체인 물이 기체인 수증기로 변하는 것은 같지만 끓는 것은 물속의 분자가 기체로 변하는 것이고 증발은 물 표면의 물 분자가 기체인 수증기로 변하는 차이가 있지요.

그렇군요. 그럼 이번 사건으로 들어가죠. 운동화 끈이 안 풀리게 할 수 있는 방법이 있습니까?

예, 있습니다.

어떤 방법인가요?

운동화 끈의 매듭 위에 물 한 방울, 매듭의 양쪽 끝에 물 한 방울을 떨어뜨린 다음 매듭을 당겨 주면 끈이 풀리지 않습니다.

왜 그렇게 되는 건지 원리를 설명해 주세요.

매듭과 매듭의 양쪽에 물을 묻히면 물이 운동 중에 증발하면서 두 끈을 잡아당겨 끈이 밀착됩니다. 그래서 그 형태가 오래 유지되지요.

그런 방법이 있었군요. 그렇다면 마니저 씨가 잘못 묶은 게 맞군요. 이상입니다, 재판장님.

판결합니다. 마니저 씨가 운동화 끈이 풀리지 않게 묶는 방법을 몰랐던 것은 생활 속의 화학 공부를 게을리해서입니다. 우리 과학공화국의 국민이라면 누구나 생활 속의 과학을 철저하게 익혀 제때 써먹을 수 있어야 합니다. 그러므로 이번 일은 마니저 씨에게 책임이 있다고 판결합니다. 마니저 씨는 철수 군을 달래 주세요.

재판 후 마니저는 철수에게 사과를 했다. 철수는 마니저를 용서한 것은 물론 그를 다시 자신의 매니저로 기용해 달라고 학교에 부탁했다. 학교는 철수의 제안을 받아들였고, 요즘 마니저는 생활 화학 공부에 열중하고 있다.

끓음과 압력

액체가 기체로 변하는 것이 기화이며 끓음과 증발은 모두 기화 현상의 한 예이다. 이때 끓음은 액체 내부로부터 기화가 일어나고 있는 것이며 증발은 액체 표면에서 기화가 일어나는 것이다. 일정한 압력 아래에서 액체의 내부로부터 기화가 일어나는 온도를 끓는점(boiling point)이라고 하는데 압력이 커질수록 끓는점이 높아진다. 높은 산에 올라 밥을 지을 때 제대로 쌀이 익지 않게 되는데 이때 뚜껑에 무거운 돌을 올려놓으면 압력이 높아져 물의 끓는점이 높아지게 되면서 쌀이 제대로 익게 된다.

끓음과 돌비 현상

대기압인 1기압 상태에서 액체 상태의 물은 100도가 되면 끓기 시작하고 수증기가 되며 더 이상 온도가 올라가지 않는다. 그러나 간혹 물이 100도가 되었는데도 끓지 않고 계속 온도가 올라가다가 어떤 이물질에 의해 폭발적으로 끓어올라 넘치는 경우가 있다. 이를 돌비 현상이라고 한다. 이때 구멍이 숭숭 뚫린 돌이나 화분 조각을 넣어 주면 이 같은 현상을 방지할 수 있다.

얼음으로 끓인 물

차갑게 식어 버린 커피를 다시 데울 수 있는 방법은 없을까요?

100번째 맞선을 보게 된 여급구 씨는 아무리 생각해도 왜 짝을 못 찾는지 알 수가 없었다. 자신이 보기에는 떡 벌어진 어깨에 볼수록 매력 있는 얼굴, 탄탄한 직장까지 모자랄 것이 없었다. 그는 이번에야말로 제대로 된 인연을 만나 기필코 장가를 가겠다는 다부진 각오를 했다.

준비는 완벽했다. 구짜 모자와 루이비토 시계, 싼델 선글라스. 이 소품들은 여급구 씨의 패션을 더욱 눈부시게 완성시켜 주었다. 또한 그는 시내에서 가장 비싼 '바가지 커피숍'을 예약하는 것도 잊지 않았다.

마침내 맞선을 보기로 한 날이 되었다. 여급구 씨는 약속 시간보다 30분 일찍 바가지 커피숍에 도착했다. 그는 상대편 여성과 만나기로 한 시간에 맞춰 향긋한 원두 커피를 가져다 달라고 주문했다. 그는 한껏 기대에 부풀어 맞선녀의 등장을 기다렸다.

잠시 후, 여급구 씨가 주문한 시간에 맞춰 원두 커피가 나왔다. 그러나 맞선을 보기로 한 그녀는 아직도 감감무소식이었다. 그는 초조한 마음에 계속해서 창밖을 내다보았다. 그러기를 한 시간째…….

"여…… 급구 씨?"

미모의 여성이 여급구 씨에게 다가왔다. 그는 입을 쩍 벌리고 침을 줄줄 흘리며 정신을 차리지 못했다. 그녀에게 첫눈에 반한 것이다.

"예, 제가 여급굽니다!"

"늦어서 죄송해요. 오는 길에 교통사고가 나는 바람에…… 저는 한까탈이라고 해요."

"저런 나쁜 차를 봤나. 그 차도 당신의 미모에 반했나 보군요."

"자주 있는 일인데요, 뭘. 타고난 미모 때문에 일어나는 일이니 참아야죠."

여급구 씨는 그녀에게 화통한 웃음을 선사했다. 그들은 자리에 앉아 화기애애하게 이야기꽃을 피웠다.

"이런, 예의를 상실한 커피를 봤나? 어디 내 앞에서 싸늘하게 식은 채로 앉아 있니? 커피는 따뜻해야 가치를 가지는 법인데."

한까탈 씨는 커피 한 모금을 입에 대더니 바로 다시 내려놓으며 말했다.

"어이쿠, 내가 너무 일찍 주문했더니 커피가 다 식었나 보네요. 여기요, 따뜻한 커피로 다시 갖다 주세요."

여급구 씨는 정중하게 커피를 주문했다.

"이거 죄송해서 어떡하죠? 가스가 떨어져서 커피를 끓일 수가 없네요. 그냥 그 커피에 얼음 넣어서 냉커피로 드시면 안 되겠습니까?"

바가지 커피숍의 노총각 사장 김마빡 씨는 그들의 맞선 모습을 바라보며 배가 아팠다. 그래서 일부러 가스가 떨어졌다고 심통을 부렸던 것이다.

그때였다.

"난 예의 없이 식어 버린 커피 따윈 안 마셔요."

한까탈 씨는 냉커피는 절대 마실 수 없다며 그 자리를 떠나 버렸다. 어찌해야 할지 몰라 허둥대던 여급구 씨는 그녀를 잡으러 따라 나갔지만 이미 그녀는 시야에서 멀리 사라진 후였다. 그 모습을 바라보던 김마빡 씨는 고소해하며 속으로 콧노래를 불렀다.

다음 날 여급구 씨는 미리 가스를 충전해 두지 않아 손님에게 따뜻한 커피를 제때 제공하지 못한 김마빡 씨를 화학법정에 고소했다.

식은 커피가 들어 있는 유리병의 뚜껑을 닫고 병에 얼음을 대면 끓는점이 낮아지면서 커피가 다시 끓게 됩니다.

여기는 화학법정

얼음으로 물을 끓일 수 있을까요?
화학법정에서 알아봅시다.

재판을 시작합니다. 피고 측 변론하세요.

장사를 하다 보면 가스가 떨어질 때도 있고 넘칠 때도 있지. 커피가 식었다고 고소하는 사람이 어디 있나? 얼음 넣어서 냉커피로 먹을 수도 있고.

화치 변호사! 왜 반말이야?

좀 흥분해서 그렇습니다.

언제 흥분 안 한 적 있나?

재판장님은 왜 반말입니까?

끙……. 원고 측 변론하세요.

이번 사건은 증인 없이 제가 변론하겠습니다.

그러세요.

이번 사건은 김마빡 씨가 화학을 조금만 알았다면 간단하게 해결할 수 있는 문제였습니다.

그게 무슨 말입니까?

얼음으로 식은 커피를 다시 끓일 수 있으니까요.

지금 농담하는 겁니까, 케미 변호사!

신성한 법정에서 어찌 농담을 하겠습니까. 그럼 실험을 해 보겠습니다.

케미 변호사는 식은 커피를 유리병에 넣고 병뚜껑을 닫은 다음 병에 얼음을 가져다 대었다. 그러자 식었던 커피가 다시 부글부글 끓기 시작했다.

우아, 마술이다!

마술이 아니라 과학입니다.

어떤 원리입니까?

커피가 들어 있는 유리병의 뚜껑을 닫고 병에 얼음을 대면 병 속의 기온이 낮아지면서 압력도 낮아집니다.

그것과 끓음이 어떤 관계가 있나요?

얼음으로 물 끓이기

우선 투명한 주전자에 3분의 1정도 물을 붓고 끓인다. 물이 끓으면 이 온도는 100도일 것이다. 이때 불을 끄고 온도가 80~85도가 될 때까지 식힌다. 이때, 수증기가 새나가지 않게 주전자를 꼭 막은 뒤 거꾸로 뒤집는다. 위로 향한 주전자의 밑바닥에 얼음주머니를 올려놓고 잠깐 기다리면 80도로 식은 물이 끓기 시작한다.

과학적인 관점에서 물이 끓는 것은 물의 증기 압력이 외부 압력과 같아지는 것이다. 물이 100도에서 끓는 것은 우리가 생활하고 있는 환경이 1기압으로, 이것이 물의 증기 압력과 같기 때문이다. 그리고 물이 끓는 온도는 기압에 비례한다.

압력밥솥은 얼음 물끓이기를 거꾸로 응용한 것이다. 압력밥솥엔 대기압의 두 배 정도의 압력이 가해지기 때문에 물이 122도 정도에서 끓게 된다. 그래서 조리 시간을 크게 줄일 뿐 아니라, 질긴 고기나 생선의 뼈도 연하게 할 수 있는 것이다.

물이 끓는다는 것은 증기의 압력이 외부의 압력과 같아지는 것을 의미하는데, 얼음에 의해 기온이 내려가 압력이 낮아지면 끓는점이 내려가기 때문에 식은 커피가 다시 끓는 것이지요.

허허, 그런 신기한 과학이 있었군요! 그럼 판결합니다. 바가지 커피숍 주인 김마빡 씨는 가스가 떨어져서 커피를 데워 줄 수 없다고 무조건 발뺌할 것이 아니라 얼음을 이용해서라도 손님의 요구를 들어주었어야 마땅하다고 생각합니다. 그리고 이와 같은 방법을 의무화하는 법령을 만들도록 관계 기관에 요청할 생각입니다.

증발

햇볕이 내리쬐는 대낮에 뚜껑이 없는 그릇에 물을 담아 두면 금세 물이 말라 버립니다. 액체 상태의 물이 기체인 수증기로 변해 공기 중으로 날아가 버리기 때문이지요. 이렇게 액체가 기체로 바뀌는 현상을 증발이라고 합니다.

이것은 액체가 열을 받아 분자들의 운동이 활발해져 기체로 변한 것입니다. 따라서 증발이 일어나려면 액체에 열을 공급해 주어야 합니다. 예를 들어 물 1그램을 증발시키기 위해서는 539칼로리의 열을 공급해 주어야 합니다.

어떤 물질에서 증발이 일어나면 그 물질 속의 액체가 기체로 변해 달아납니다. 기체는 열에너지를 받아서 달아나게 되므로 남아 있는 물질은 열에너지를 잃어버린 셈이 되지요. 따라서 남아 있는 물질의 온도는 내려가게 됩니다.

이러한 예는 주위에서 얼마든지 찾아볼 수 있습니다. 목욕을 하고 밖으로 나오면 온몸이 바르르 떨리는 것을 느낄 수 있습니다. 이것은 몸에 붙어 있던 물방울들이 증

발하면서 우리 몸의 열에너지를 빼앗아 가기 때문이지요.

증발을 이용하여 물통 속의 물을 차갑게 만들 수도 있습니다. 여름 한낮에 물이 담긴 통을 바깥에 놓아두면 열에너지로 인해 금세 더워집니다. 이때 물수건으로 물통을 덮으면 물을 차갑게 유지할 수 있습니다. 원리는 간단합니다. 물통을 물수건으로 감싸 두면 수많은 물방울이 생기는데, 이 물방울이 증발하여 수건을 차갑게 만듭니다. 이렇게 차가워진 수건과 접촉해 있는 물통 속의 물은 차갑게 유지됩니다.

응축

증발은 액체가 열을 공급 받아 기체가 되는 과정입니다. 반대로 기체가 열을 빼앗겨 액체가 되는 과정을 응축이라고 하지요.

응축의 예는 우리 주위에서 쉽게 찾아볼 수 있습니다. 차가운 물컵에 물방울이 맺히는 것도 응축의 한 예입니다. 공기 중에 있는 수증기가 차가운 컵과 부딪치면 열에너지를 잃어버리므로 더 이상 기체 상태로 있지 못하고 액체인 물방울이 되는 것이지요.

구름이나 안개가 만들어지는 것도 바로 응축 현상이에요. 더운 공기가 위로 올라가면 다른 공기 분자들과 충돌하여 열에너지를 잃고 차가워지지요. 이때 차가워진 공기 속의 수증기가 응축하여 액체인 물방울로 바뀌어 구름을 만들게 됩니다. 만일 응축 현상이 땅 근처에서 일어나면 그것을 안개라고 부르지요. 이처럼 안개와 구름은 같은 현상이라고 할 수 있어요.

물이 끓으면 왜 소리가 날까요?

물이 막 끓기 시작하면 '지지직' 하는 소리가 납니다. 이것은 물 분자가 기체인 수증기 분자(기포)로 바뀔 때 나는 소리입니다. 그 다음으로 '보글보글' 하는 소리는 나는데, 이것은 기포가 위로 올라오다가 터지는 것이지요.

물을 끓일 때는 바닥을 가열하기 때문에 위는 아래만큼 온도가 높지 않습니다. 따라서 아래에서 만들어진 기포가 위로 올라오면 차가운 물을 만나 다시 터져 액체인 물방울이 되는데 이때 소리가 나는 것입니다.

온도가 올라갈수록 기포가 더 자주 터져 요란한 소리를 내다가 나중에는 잠잠해집니다. 이때는 물의 위와 아래가 골고루 충분히 가열되어 더 이상 기포가 터지지 않기 때문이지요.

종이 냄비 만들기

종이 냄비 속에 든 물을 끓일 수 있을까요? 물론 가능합니다. 물

은 끓는 온도가 100도이지만 종이는 타는 온도가 400도 내지 450도 정도이지요. 그래서 물이 있는 한 공급된 열이 물의 온도를 올리는 데 쓰이기 때문에 종이는 타지 않습니다. 이것은 물과 종이의 끓는점이 다르기 때문에 일어나는 현상입니다.

김이 서리는 이유

유리컵에 차가운 물을 부으면 왜 김이 서릴까요? 이것은 공기 중의 수증기가 차가운 물이 들어 있는 유리컵의 표면에 닿아 열을 빼앗겨 액체인 물방울이 되기 때문이지요.

이슬과 서리도 같은 원리로 만들어집니다. 이슬은 공기 중의 수증기가 나뭇잎이나 돌에 닿아 열을 잃어 물방울이 되는 것이고, 서리는 바닥이 너무 차가울 때 수증기가 열을 너무 많이 빼앗겨 액체 상태를 거치지 않고 곧바로 고체인 얼음이 되는 현상이지요.

산속에서 추위를 이기는 방법

산속에서 길을 잃었을 때 한밤중에 우리 몸의 온도가 내려가는 저체온증에 걸려 목숨이 위태로워질 수도 있습니다. 이 위기를 잠시나마 극복하는 방법은 증발을 가능한 한 막는 것입니다. 무슨 말이냐고요? 증발이란 땀이 우리 몸으로부터 열을 빼앗아 기체인 수증기로 날아가는 것입니다. 따라서 증발이 많이 일어나면 체온이 급격히 떨어지겠지요. 이때 가장 먼저 할 일은 몸의 땀을 모두 닦는 것입니다. 그런 다음 모포나 바람막이를 이용하여 바람을 막아야 합니다. 바람도 우리 몸에 붙어 있는 수분의 증발을 불러일으키니까요.

삶은 달걀 껍데기를 쉽게 벗기는 방법

삶은 달걀을 찬물에 5분 정도 담가 두면 껍데기가 쉽게 벗겨집니다. 그 이유는 뭘까요? 달걀을 익히면 달걀 내부에 있는 수분이 팽창해 증기 상태로 변합니다. 그런데 찬물에 넣어 두면 급속히 식으면서 흰자와 껍데기 사이에 다시 수분이 맺히게 됩니다. 이 수분이 껍데기와 달갈이 잘 분리되도록 도와주지요.

다이너마이트는 왜 폭발할까요?

다이너마이트는 주성분인 니트로글리세린이라는 액체와 탄소, 수소, 질소, 산소로 이루어져 있어서 이것이 폭발할 때 제각각 급격한 화학 변화로 기체가 됩니다. 이때 높은 온도에서 부피가 급격하게 팽창하면서 폭발을 하는 것이지요.

| 다이너마이트 [dynamite] |

니트로글리세린 또는 니트로글리콜을 약 6% 이상 함유하는 폭약이다. 니트로글리세린은 폭발력이 강력한 액체 상태이며, 또 외부의 힘에 대하여 극히 예민한 물질로 그대로 취급하는 것은 매우 위험하다. 이것을 폭발물로서 안전하게 사용할 수 있도록 연구를 거듭한 A.노벨은 1866년에 규조토(硅藻土)에 니트로글리세린을 흡수시킴으로써 안전하게 취급할 수 있는 폭약을 만드는 데 성공하여 이를 다이너마이트라 명명하고 1867년에 미국과 영국에서 특허권을 획득했다.

처음에는 상품명이었으나, 현재는 보통명사로서 일반적으로 사용된다. 노벨이 발명한 규조토 다이너마이트와 같이 단순히 니트로글리세린을 흡수제인 규조토에 흡수시킨 것을 혼합 다이너마이트라 한다.

제4장

응고와 융해에 관한 사건

응고 – 영하를 못 재는 온도계

어는점 – 실로 얼음을 든다고요?

과냉각 – 얼어붙은 사이다

융해 – 전구가 떨어졌어요

영하를 못 재는 온도계

온도계에 수은 대신 인체에 무해한 물을 넣으면 어떻게 될까요?

소심남 씨는 줏대가 없기로 유명한 사람이다. 이 말을 들으면 이쪽으로 혹했다가, 또 다른 말을 들으면 저쪽으로 기우는 등 그야말로 줏대 없기의 대가였다. 그런 소심남 씨도 돈벌이를 해야 할 나이가 되자 직업을 택하게 되었는데, 바로 온도계를 만드는 것이었다. 그는 이것이야말로 소심한 자신이 크게 흔들리지 않고 안정적으로 할 수 있는 일이라고 생각했다.

고등학교를 졸업하고 온도계를 만드는 공장에 들어간 그는 열심히 일을 했다. 성실성과 실력을 인정받아 승진을 거듭했고 결국 그

회사 사장의 자리에까지 올랐다.

처음에는 주위 사람들뿐만 그 스스로도 이 사업을 잘 꾸려 갈 수 있을까 걱정이 많았다. 하지만 그것은 기우에 지나지 않았다. 소심남 씨 회사에서 만드는 온도계를 찾는 사람들이 끊이지 않았던 것이다. 그의 공장에서는 수은 온도계만을 만들고 있었다.

오늘도 소심하게 하루를 마무리하고 쭈뼛쭈뼛 집으로 돌아온 소심남 씨는 소파에 앉아 리모컨으로 텔레비전을 켰다. 마침 텔레비전에서는 9시 뉴스를 하고 있었다.

안녕하십니까? 과학방송국의 앵커 잘보도입니다. 최근 수은이 인체에 매우 해롭다는 보고가 나오고 수은 공장에서 일하는 많은 근로자들이 수은 중독으로 고생을 하고 있다고 합니다. 앞으로 정부에서는 수은의 사용을 특별한 경우를 제외하고는 허용하지 않기로 결정했습니다. 이상으로 9시 뉴스를 마치겠습니다.

'수은이 위험!'

이 말이 메아리가 되어 소심남 씨의 귀를 떠나지 않았다. 걱정 많고 줏대 없는 그는 안절부절 못했다. 결국 그는 공장장에게 전화를 걸었다.

"이봐요, 공장장. 앞으로는 온도계에 수은을 넣지 말고 인체에 무해한 물을 넣도록 하세요."

사장의 귀가 얇다는 사실을 잘 알고 있던 공장장은 말리면 더 큰 일이 나겠다 싶어 아무 소리 않고 물 온도계를 만들기 시작했다.

그렇게 소심남 씨의 공장에서는 물 온도계만이 생산되었다. 그리고 다음과 같은 광고가 나가기 시작했다.

> 이제 위험한 수은 온도계는 끝! 새로운 웰빙 온도계인 물 온도계로 바꾸세요.

사람들은 웰빙 온도계라는 말에 너도 나도 물 온도계를 사고 싶어 했다. 그러자 대리점들이 앞 다투어 물 온도계를 주문했고, 소심남 씨의 회사는 큰돈을 벌었다.

하지만 얼마 후 찬바람이 불고 기온이 영하로 뚝 떨어지면서 문제가 발생하기 시작했다. 물이 얼어붙어 온도계가 깨지는 일이 빈번하게 일어났던 것이다.

소심남 씨는 이 소식을 듣자 또다시 소심함에 벌벌 떨 뿐 어떤 대응책도 내놓지 못했다. 새로운 것을 시도하기 위해서는 그에 따른 만반의 준비가 되어 있어야 했다. 하지만 그는 아무런 준비도 없이 남의 말에만 귀를 기울여 물 온도계를 만드는 실수를 저질렀던 것이다.

많은 소비자들은 대리점에 항의했고 결국 대리점 사장들은 소심남 씨를 화학법정에 고소하기에 이르렀다.

수은은 영하 39도에서 얼기 때문에 그 온도까지 잴 수 있지만 물은 0도에서 얼기 때문에 그 이하가 되면 부피가 팽창하여 온도계가 터져 버립니다.

왜 수은 온도계를 사용할까요?
화학법정에서 알아봅시다.

재판을 시작합니다. 피고 측 변론하세요.

건강에 좋은 온도계를 만드는 것도 잘못입니까? 온도계가 얼어서 깨지지 않도록 난방을 철저히 했다면 그런 일은 벌어지지 않았을 것 아닙니까? 그리고 좋다고 대리점 계약을 맺을 때는 언제고 이제 와서 소심남 사장을 고소하다니, 세상 참 야박해졌구먼.

화치 변호사! 변론 끝난 거죠?

이젠 잘 아시네요.

한두 번 재판했나? 그럼 원고 측 변론하세요.

응고연구소의 다구더 박사를 증인으로 요청합니다.

온몸이 단단한 근육질로 무장된 20대 후반의 남자가 증인석에 앉았다.

증인은 어떤 일을 합니까?

응고 연구입니다.

응고가 뭐죠? 응가 동생인가요?

써얼렁~.

취소할게요.

응고는 액체가 고체로 되는 것을 말합니다.

이를테면 물이 어는 것을 말하는군요.

그렇지요.

그럼 본론으로 들어가서 왜 수은 온도계를 사용하는 거죠? 수은은 인체에 해롭지 않습니까?

물론 해롭습니다. 하지만 물은 온도계로 사용할 수 없습니다.

그 이유는 뭔가요?

수은은 영하 39도에서 얼기 때문에 그 온도까지 잴 수 있지만 물은 0도에서 얼기 때문에 그 이하가 되면 부피가 팽창하여 터져 버립니다.

아하! 그런 이유가 있었군요. 그럼 영하 40도 이하의 온도는 어떤 온도계로 측정하지요?

알코올 온도계를 사용합니다.

그 이유는요?

알코올은 영하 114도에서 어니까 알코올 온도계는 영하 114도까지 잴 수 있습니다.

영하를 잴 수 없는 온도계는 반쪽짜리 온도계입니다. 기온은 영상과 영하 두 종류가 있으니까요. 그러니까 반쪽짜리 온도계를 판매한 소심남 씨는 이번 사건에 대해 전적으로 책임이 있다고 주장합니다.

판결합니다. 온도계는 더울 때와 추울 때의 온도를 정확하게 나타낼 수 있어야 합니다. 그런데 소심남 씨는 지나치게 소심하여 인체에 무해한 물을 사용한 온도계를 만들다 보니 이런 해프닝이 생겼군요. 하지만 소심남 씨의 국민 건강을 생각하는 마음을 이번 사건을 통해 읽을 수 있었습니다. 그러므로 소심남 씨의 행동이 과학적으로는 죄가 되나 환경학적으로 죄가 되지 않는다는 생각에서 깨진 물 온도계의 값만 변상하는 것으로 판결할까 합니다.

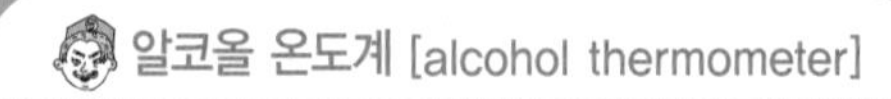

한 끝이 볼록한 가는 유리관 속에 붉게 물들인 에탄올(에틸알코올)을 넣고 밀봉한 온도계이다. 열팽창에 의해 관 속의 알코올이 오르내림에 따라 온도를 측정할 수 있다. 수은온도계보다 감도는 좋으나 끓는점이 낮으므로 비교적 낮은 온도(−78~78℃)를 측정하는 데 적합하다.

실로 얼음을 든다고요?

얼음을 실로 묶어서 들 수 있다고요?
과연 가능한 일일까요?

몸무게가 100킬로그램이 넘는 이태양 씨는 여름이 너무나 싫었다. 덩치가 큰 데다 열이 많아서 여름이면 땀범벅이 되는 것은 물론 일상생활마저 하기 힘들 정도였다. 여름이 마치 지옥에서 벌 받는 계절로 느껴지기까지 했다.

몇 주일째 계속되는 폭염으로 밤에는 잠을 제대로 이룰 수 없었고, 낮에는 헉헉거리며 그늘을 찾기에 바빴다.

"이놈의 날씨가 사람 잡네."

이태양 씨는 쉴 새 없이 부채질을 해 댔다. 하지만 그의 몸을 감당하기에는 부채가 너무 작았다. 그때 이태양 씨의 눈길을 사로잡은 광고 전단이 있었다.

"이상 기온 때문에 고민이십니까? 한여름 더위에 지치셨습니까? '떠죽기 전에' 얼음과 함께라면 폭염도 문제없습니다! 지금 당장 아래 번호를 콕콕 눌러 주세요."

전단에는 얼음을 이용한 더위 퇴치법이 설명되어 있었다. 첫 번째 방법은 얼음을 씹어 먹는 것이고, 두 번째 방법은 얼음을 팔다리에 문지르는 것이었다. 이태양 씨는 상상만으로도 온몸이 시원해지는 기분이었다. 남들보다 엄청난 얼음이 들겠지만, 그는 당장 전화기를 들어 얼음을 주문했다.

"거기 떠죽기 전에 얼음 가게죠? 얼음 한 덩어리 제일 큰 걸로 부탁합니다."

이태양 씨는 얼음을 주문하고는 얼음이 배달되기만을 눈 빠지게 기다렸다.

'띵동!'

"얼음 배달이요."

화장실에서 볼일을 보던 이태양 씨는 얼음이란 말에 급히 하던 일을 중단하고 마치 로켓이 발사되듯이 재빨리 튀어 나갔다.

배달원은 커다란 얼음을 손에 들고 서 있었다. 그런데 얼음보다

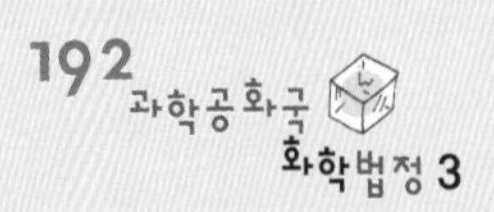

그의 행색이 더 눈길을 끌었다. 머리는 한 달 정도 감지 않은 듯 심하게 떡이 져 있고, 긴 손톱 사이사이에는 때가 시커멓게 끼어 있었다.

'저 사람 화장실에서 볼일 보고 손은 씻었을까? 방금 나도 안 씻었는데 저 사람이라고 씻었겠어? 으…….'

이태양 씨는 배달원의 그러한 행색을 보자 얼음을 먹겠다는 생각이 싹 달아났다. 그래도 주문한 것이니까 하고 돈을 지불하려는 순간 코딱지를 파고 있는 배달원의 모습은 이태양 씨의 결심을 돌리게 했다.

"나는 그 얼음 못 사겠으니 도로 가져가세요!"

그러자 배달원은 인상을 구기며 따지듯 물었다.

"아니, 왜요?"

"거 몰라서 묻습니까? 당신 손을 좀 보세요, 먹고 싶겠는지. 얼음을 끈에 묶어 오든지 해야지, 이렇게 비위생적이어서야…… 쯧쯧. 더위 피하려다 식중독 걸리기 십상이겠습니다."

"이 사람 유치원은 제대로 나왔나 모르겠네. 얼음을 끈으로 묶는다고요? 천만의 말씀 만만의 콩떡. 얼음은 마찰력이 낮아서 끈으로 묶으면 미끄러져 빠진다고요!"

배달원이 나름 멋들어지게 설명했다는 듯 어깨에 힘을 주며 말했다.

"얼음 안 미끄러지게 묶는 건 당신들 사정이고. 아무튼 난 이 얼음 못 사요! 그럼 코딱지라도 파지 말던가."

"정 그렇다면 얼음 값을 배상하시오! 얼음에 이상이 있는 것도 아니고 단순한 변심에 의한 일이니."

"놀고 있네. 당신이야말로 나한테 정신적인 보상을 해야 할 것 같군. 너무 더러운 모습을 많이 보여 줘서 비위가 약해졌어."

"정말 개념 상실, 어휘 상실이구먼. 퉤퉤퉤."

이렇게 해서 이태양 씨와 떠죽기 전에 얼음 가게의 배달원의 언쟁은 화학법정으로까지 이어지게 되었다.

소금과 줄을 이용하여 얼음에 손을 대지 않고 들 수 있습니다.
그러나 이것은 한겨울에 짧은 거리를 이동할 때
유용한 방법입니다.

여기는 화학법정

손을 대지 않고 얼음을 들 수 있는 방법은 없을까요?

화학법정에서 알아봅시다.

 재판을 시작합니다. 피고 측 변론하세요.

 대충 먹으면 되지. 사람 손이 뭐가 그리 더럽다고. 자기는 안 더러운가? 그까이꺼 조금 묻어 있으면 잘라 내고 먹으면 되는 거 아닙니까? 뭘 이런 걸로 재판을 하는지, 원.

 화치 변호사는 어떤 장르의 재판을 원하는 거요?

 전 스케일이 큽니다. 좀 더 블록버스터급의 재판은 없나요? 이런 시시콜콜한 사건 말고.

 당신이 그런 사건을 만드세요. 그럼 원고 측 변론하세요.

 투명얼음주식회사의 얼음땡 박사를 증인으로 요청합니다.

얼굴이 얼음처럼 창백해서 마치 공포 영화에 나오는 인물인 듯한 한 남자가 무섭게 법정을 노려보며 증인석으로 걸어 들어왔다.

 증인은 어떤 일을 합니까?

 얼음에 관한 모든 일을 하고 있습니다.

얼음을 끈으로 묶는 것이 쉽지 않습니까?

미끌거려서 힘이 듭니다.

그럼 손으로 들어야 한다는 건가요?

아니요. 짧은 줄과 소금만 있으면 됩니다.

어떻게 그게 가능합니까?

얼음에 소금을 뿌리고 그 곳에 짧은 줄을 걸쳐 놓으면 됩니다.

좀 더 알기 쉽게 설명해 주세요.

얼음에는 물로 된 아주 얇은 막이 있습니다. 여기에 소금을 뿌리면 소금물이 막을 형성하지요.

그런데요?

소금물은 순수한 물보다 어는점이 낮습니다.

그런가요?

바닷물은 잘 안 얼지요?

예.

바닷물 속에는 소금이 많이 녹아 있기 때문에 그런 겁니다.

조금 이해가 가는군요. 그럼 계속 설명해 주세요.

얼음이 얼기 위해서는 주위로 열을 방출해야 하는데 소금을 조금 뿌리면 소금이 녹으면서 오히려 주위의 열을 얻어 와 얼음을 쉽게 녹게 하지요.

엥, 얼음이 쉽게 녹는다고요? 그런데 어떻게 줄로 얼음을 든다는 겁니까?

계속 들어 보세요. 얼음이 녹아 물이 많이 만들어지면 소금물의 농도가 낮아지겠죠?

그렇지요. 소금의 양은 그대로이고 물은 늘어났으니까요.

그러면 다시 어는점이 높아져서 물속에 잠긴 줄과 얼음이 함께 얼어붙게 됩니다. 이때 줄을 들고 가면 됩니다.

얼음 낚기

먼저 실을 적당한 길이로 자른 다음 그 끝이 여러 가닥으로 풀어지게 만들고 얼음 덩어리가 살짝 녹을 때까지 기다린다. 얼음이 녹으면 끝이 풀어진 쪽의 실을 얼음 위에 올려놓는다. 물을 흡수한 실과 얼음 위에 소금을 뿌리고 1분 정도 기다리면 실험 끝. 1분 뒤에는 살짝 녹았던 얼음이 다시 얼어 있다. 이때 실을 들어 올리면 얼음이 함께 올라온다.

이 실험에서 가장 중요한 것은 소금이 물에 녹는다는 점이다. 소금이 물에 녹을 때는 물에서 열을 빼앗아 간다. 이때 생긴 소금물은 소금이 녹기 전의 맹물보다 차가워진다. 보통 소금이 들어가지 않은 물은 0도에서 얼지만 소금물은 그보다 낮은 온도에서 얼게 된다.

또한 대체로 고체가 녹을 때에는 주위에서 그 열을 흡수하기 때문에 주위의 온도가 낮아진다. 실이 흡수한 물은 염분을 흡수하지 않았기 때문에 주위의 온도가 낮아지게 되고 얼음과 같이 얼게 되어 실에 얼음이 함께 낚여 올라오는 것이다.

아하! 녹였다 얼렸다 하는 방법이 있었군요. 재판장님, 지금 증인이 이야기한 것처럼 줄로 간단하게 얼음을 들고 가는 방법이 존재합니다. 따라서 떠죽기 전에 얼음 가게의 배달원은 좀 더 청결에 신경을 썼어야 한다고 생각합니다.

판결합니다. 원고 측 증인 덕분에 소금을 이용하여 얼음에 줄을 붙이는 방법이 있다는 것을 알게 되었습니다. 그런 점에서 보면 원고 측의 주장이 일리는 있지만 이 방법은 아주 짧은 거리를 이동할 때, 특히 여름보다는 겨울에 유용합니다. 지금처럼 푹푹 찌는 한여름에 먼 거리를 이 같은 방법으로 얼음을 운반한다고 생각해 보십시오. 조금만 가도 얼음이 녹으면서 줄이 풀려 땅바닥으로 떨어지고 말 것입니다. 그러므로 그리 좋은 운반 방법은 아니라는 것이 본 법정의 의견입니다.

얼어붙은 사이다

냉장고에 차게 보관한 탄산음료가 뚜껑을 열자마자
얼어붙었다면 어떻게 할까요?

여마살 씨는 한곳에 오래 머물러 있지 못하고 어디로든 떠나야 직성이 풀리는 역마살 기질의 소유자였다. 그는 그 날도 정처 없이 이곳저곳을 떠돌아다니고 있었다.

"구름에 달 가듯이 가는 나그네~."

여마살 씨는 혼자라서 외롭거나 심심한 적이 거의 없었다. 외로울 때는 자연을 벗 삼아 이야기하고, 심심할 때는 이렇게 자신의 애창곡인 '나그네'를 열창하면 되었기 때문이다.

노래를 부르며 걷던 여마살 씨가 갑자기 어느 논두렁에 자리를 잡고 앉았다.

“그대 고개 들어 보오. 어허, 예전의 그 초록 옷은 어디다 갖다 버렸소? 누런 옷도 잘 어울리긴 하구려. 머리는 또 누가 그렇게 땋아 주었는고?”

그때 어디선가 나타난 논 주인이 경계의 눈빛으로 여마살 씨를 쏘아보았다.

“여보시오! 남의 벼랑 무슨 이야기를 그렇게 주고받는 거요?”

“잠시 풍류를 즐기고 있었습니다. 아하하!”

여마살 씨는 너털웃음을 지으며 다시 길을 나섰다. 논 주인은 안타까운 눈으로 그를 바라보며, 오른손 검지손가락으로 오른쪽 귀에 원을 그려 댔다.

“갑자기 목이 마르네그려.”

여마살 씨는 말을 많이 해서 그런지 심한 갈증을 느꼈다. 마침 눈앞에 작은 구멍가게가 보여 그 안으로 들어갔다. 가게 안에는 손님이 끊긴 지 오래 됐는지 물건들마다 먼지가 수북했다.

“주인장 계시오?”

“누구요?”

잠시 후 주인으로 보이는 사내가 나왔다. 그의 머리는 폭탄을 맞은 듯 부스스했고 눈에는 눈곱이 주렁주렁 매달려 있었다.

“사이다…….”

여마살 씨가 말을 마치기도 전에 주인은 사이다를 집어던지듯이 건네주었다. 그는 어서 빨리 갈증을 없앨 생각에 사이다 뚜껑을 열었다. 그런데 이게 웬일인가! 사이다는 여마살 씨의 기대와 달리 꽁꽁 얼어 있었다.

"500원!"

주인은 사이다 값을 요구했다. 그러나 여마살 씨는 돈을 지불할 수 없었다.

"벌컥벌컥 마실 수 없는 사이다, 안 사겠소!"

"뭐? 벌써 뚜껑 다 열어 놓고 안 사긴 뭘 안 사!"

"누가 얼은 사이다 달랬나! 난 못 사!"

"안 돼! 당장 돈 내놔!"

이렇게 해서 얼어붙은 사이다 사건은 화학법정으로까지 가게 되었다.

사이다를 영하 6도에서 네 시간 이상 보관하면 과냉각 상태가 되고
이 사이다의 뚜껑을 열면 사이다 속에 녹아 있던 이산화탄소가
튀어나오면서 충격을 일으켜 얼음으로 바뀌게 됩니다.

뚜껑을 열면 사이다가 얼어붙는 이유는 무엇일까요?

화학법정에서 알아봅시다.

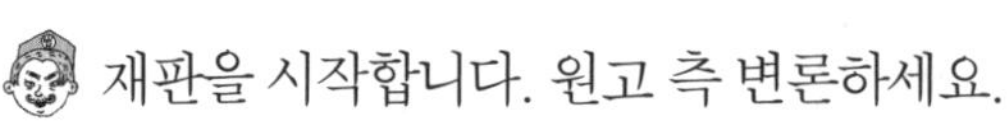

재판을 시작합니다. 원고 측 변론하세요.

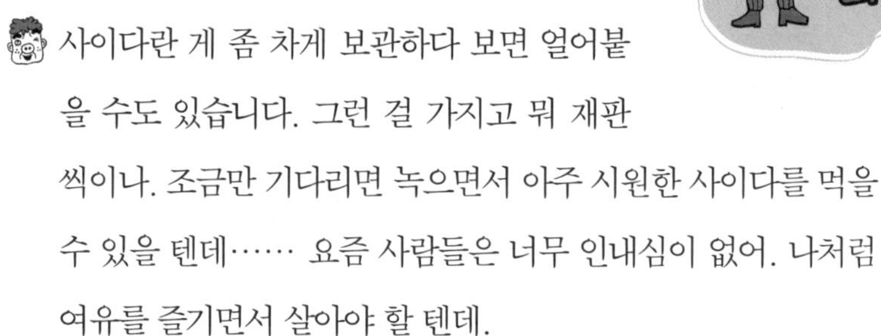

사이다란 게 좀 차게 보관하다 보면 얼어붙을 수도 있습니다. 그런 걸 가지고 뭐 재판씩이나. 조금만 기다리면 녹으면서 아주 시원한 사이다를 먹을 수 있을 텐데…… 요즘 사람들은 너무 인내심이 없어. 나처럼 여유를 즐기면서 살아야 할 텐데.

어이구, 저게 무슨 변론이야.

재판장님, 진정하세요. 혈압도 높으신데.

알았어요. 케미 변호사 변론하세요.

슬러시 연구소의 다가라 박사를 증인으로 요청합니다.

머리가 비상해 보이는 호리호리한 몸매의 30대 여자가 증인석에 앉았다.

증인은 어떤 일을 합니까?

과냉각 연구입니다.

그게 뭐죠?

조금 어려운 내용입니다. 과냉각의 정의에 대해서는 뒤에 이야기하기로 하고 우선 이번 사건에 대해 저희 연구소의 분석 결과를 말씀드려도 될까요?

그러세요.

이번 사건을 보면 사이다는 얼어 있지 않다가 뚜껑을 여는 순간에 얼어붙었습니다.

그래요. 그 점이 이상했어요.

이상할 것은 없습니다. 사이다를 영하 6도에서 네 시간 정도 보관하면 얼지는 않지만 과냉각 상태가 됩니다.

좀 더 쉽게 설명해 주세요.

과냉각 상태란 액체가 어는점 아래로 온도가 내려갔는데도 얼지 않은 상태를 말합니다.

그런데 뚜껑을 열면 왜 얼어붙는 거죠?

뚜껑을 열면 사이다 속에 녹아 있던 이산화탄소가 튀어 나오면서 충격을 일으킵니다.

그러면 어나요?

과냉각 상태는 매우 불안정한 상태입니다. 그러므로 이런 충격에 의해 안정된 상태인 얼음으로 바뀌게 되는 것입니다.

그렇군요. 그럼 이번 사건은 가게 주인이 사이다를 너무 오래 냉동실에 보관해 두어 사이다가 과냉각 상태가 되어 일어난 것이군요.

그렇게 볼 수 있습니다.

재판장님, 가게 주인은 사이다를 액체 상태로 보관하지 못했습니다. 따라서 주인의 책임이 크다고 생각합니다.

판결합니다. 음식은 그것을 먹는 사람에게 알맞게 서빙되어야 한다는 것이 제 개인적인 생각입니다. 차가운 음식은 차갑게, 더운 음식은 덥게, 액체 음식은 액체로, 고체 음식은 고체로 서빙이 되어야 하지요. 우리가 사이다를 먹을 때 액체 상태의 사이다를 먹지 고체 상태의 사이다를 먹는 것이 아니므로 용도에 맞지 않게 관리한 가게 주인의 책임을 인정합니다.

물질에는 각각 그때의 온도에 따른 안정 상태가 있어서, 온도를 서서히 변화시켜 가면 이에 따라 그 상태 또한 변화한다. 그러나 온도가 갑자기 변하면 구성 원자가 각 온도에 따른 안정 상태로 변화할 만한 여유가 없기 때문에, 출발점 온도에서의 안정 상태를 그대로 지니거나, 또는 일부분이 종점 온도에서의 상태로 변화하다가 마는 현상이 일어난다.

즉, 일정 온도 이하로 급냉시키면 응고점 이하인데도 여전히 액체인 채로 있거나, 그 이상의 온도에서 가진 안정한 결정형인 채로 있는 현상이 일어난다. 이것을 지나치게 빨리 냉각했다는 뜻에서 과냉각이라 한다.

이러한 과냉각은 우리 주변에서도 흔히 볼 수 있는데 그 대표적인 예가 손난로이다. 반영구적인 손난로는 끓는물에 넣으면 액체상태가 되지만 가만두면 상온에서도 고체가 되지 않고 과냉각 상태의 액체가 되는데, 이것을 약간 흔들면 급격히 고체로 변하면서 응결 에너지를 외부로 방출하는 것이다.

전구가 떨어졌어요

얼음으로 고정해 놓았던 전구가 왜 갑자기 떨어졌을까요?

평소 남자에게 지기 싫어하는 여직원 씨는 회사 당직을 빼먹는 일이 없었다. 여자도 남자와 똑같이 당직을 서야 한다는 게 그녀의 철칙이었다.

그날도 그녀는 대신 당직을 서 주겠다는 남자 직원들의 호의를 뿌리치고 혼자 당직을 섰다. 회사를 한 바퀴 둘러보고 다시 사무실로 돌아온 여직원 씨는 의자에 앉아 잠시 휴식을 취했다. 그런데 그때 갑자기 주방 쪽에서 불빛이 깜빡거리는 게 느껴졌다. 그녀는 나무 막대기를 들고 주방으로 살금살금 다가갔다.

"누구야?"

그녀가 소리를 질렀지만 주방에는 아무도 없었다. 고장 난 전구가 깜빡거리고 있을 뿐이었다.

다른 여자들 같으면 다음 날 남자 직원들에게 전등을 갈아 줄 것을 부탁했겠지만 여직원 씨는 달랐다. 그녀는 당장 자신의 손으로 고쳐 놓아야겠다는 사명감에 불타올랐다.

주방의 전등은 도르래 형식이었다. 한쪽 줄 끝에 전등이 매달려 있어, 반대쪽 줄을 당기면 전등이 올라가고 줄을 놓으면 전등이 내려갔다. 그녀는 전등 반대쪽 줄을 풀어 전등을 내렸다. 그러고는 전구를 갈고 다시 줄을 잡아당겨 전등을 위로 올렸다.

'따르르르릉~.'

그녀가 전등 반대쪽 줄을 고정시키려는 순간 전화 벨이 울렸다. 여직원 씨는 급한 대로 냉장고에서 커다란 얼음을 꺼내 줄을 고정시켜 두었다.

"여보세요~."

'뚜뚜뚜…….'

"이 시간에 누가 장난 전화야!"

여직원 씨는 전화를 끊고, 전등 고치던 일은 까맣게 잊어버렸다.

잠시 후 여직원 씨 혼자 당직 서는 것을 내심 걱정하던 남사원 씨가 사무실에 들렀다.

"끄아악!"

깜빡 잠들어 있던 여직원 씨는 비명 소리에 놀라 일어나서 소리가 나는 주방 쪽으로 달려갔다. 깨진 전등이 여기저기 흩어져 있고 남사원 씨의 발등에 피가 흐르고 있었다.

"사원 씨! 괜찮아요?"

"직원 씨 눈에는 내가 괜찮아 보여요? 왜 이런 장치를 설치한 거예요? 엉엉……."

"난 그런 거 설치한 적 없어요."

"몰라요. 법정에 고소할 거예요! 엉엉……."

다음 날 아침, 이 한밤중의 소란은 화학법정으로 넘어가게 되었다.

같은 무게의 물질이라 하더라도 고체 상태일 때와 액체 상태일 때의 줄을 누르는 압력은 다릅니다. 물일 때는 얼음일 때에 비해 줄을 누르는 압력이 형편없이 작아집니다.

여기는 화학법정

얼음에서 물이 되면 어떤 것들이 달라질까요?

화학법정에서 알아봅시다.

재판을 시작합니다. 먼저 피고 측 변론하세요.

남자가 여자가 실수 좀 한 걸 갖고 법정까지 오다니. 에이, 남자 망신 다 시키는군.

이의 있습니다. 지금 피고 측 변호사는 원고 측 의뢰인의 인격을 모독하고 있습니다.

인정합니다. 화치 변호사, 지금이 어떤 세상인데 남자 여자 운운합니까?

어떤 세상인데요?

남녀 평등 세상 아닙니까?

그런가요?

쯧쯧. 원고 측 변론하세요.

이번 사건은 아주 단순한 과학이 숨어 있는 사건입니다. 이번에도 제가 직접 변론하겠습니다.

좋도록 하세요.

여직원 씨는 전화를 받느라고 급하게 냉장고에서 얼음을 꺼내 줄 위에 올려놓았습니다.

그랬지요.

얼음은 고체 상태의 물질로 무게를 가지고 있습니다. 그 무게로 줄을 누르기 때문에 줄은 고정되고 전구는 천장에 매달려 있을 수 있었던 것입니다.

그러니까 힘의 평형 때문에 그런 거군요.

맞습니다. 하지만 얼음이 녹으면 상황은 달라집니다.

뭐가 달라지나요? 같은 양의 얼음이 녹아 물이 되면 무게는 똑같지 않나요?

물론 그렇습니다. 하지만 상태가 바뀌지 않습니까?

어떻게요?

물은 액체이니까 얼음에서 물로 변하면 고체에서 액체 상태로 변하게 됩니다. 이것을 과학에서는 융해라고 하지요.

액체도 무게를 가지고 있잖아요?

액체가 되면 고체와는 달리 흐르는 성질이 있어서 물이 사방으로 흘러 나가게 됩니다. 그러므로 줄을 누르는 압력이 고체인 얼음일 때에 비해 형편없이 작아지지요. 그래서 전구의 무게와 평형을 이루지 못해 전구는 바닥으로 추락하게 되는 것입니다.

정말 유식한 변호사야. 어떻게 두 변호사가 이렇게 차이가 날 수 있지?

과찬의 말씀입니다.

게다가 겸손하기까지 하시니.

 흥!

반면에 재는 인간성도 별로군. 그럼 판결합니다. 원고 측 변호사가 자세히 밝혔듯 이번 사고는 융해 때문에 일어난 것입니다. 여직원 씨는 고체와 액체가 어떤 차이가 있는지 너무 몰랐던 것 같습니다. 그러므로 이번 사고의 책임은 여직원 씨에게 있으므로 여직원 씨는 남사원 씨에게 정중하게 사과하기 바랍니다.

재판이 끝난 후 여직원 씨는 남사원 씨에게 정중히 사과했고 이 일로 두 사람의 관계는 더욱 좋아졌다. 결국 이번 사고가 인연이 되어 두 사람은 사랑을 하게 되었고 다음 달에는 웨딩마치가 울려 퍼질 예정이다.

융해 [融解, melting]

융해란 '녹음'을 의미한다. 물질의 상태 변화 중의 하나로, 고체보다 에너지 상태가 더 높고 분자 배열이 느슨한 액체로 변화하는 것이다.

이렇게 분자의 운동 에너지가 일정한 부피를 가지고 있는 고체로부터 유동성 있는 액체로 변하기 시작하는 온도를 그 물질의 융해점 또는 녹는점이라 하며, 융해하기 시작한 단위 질량의 고체를 액체로 변하게 하는 데 필요한 열에너지를 그 물질의 융해열이라 한다.

융해열은 일정 온도에서 1g의 고체를 융해하여 액체로 바꾸는 데 필요한 열에너지를 말한다. 예를 들어 0℃ 얼음 1g을 0℃의 물 1g으로 만드는 데에는 80cal/g(=336 J/g)의 융해열이 필요하다.

융해와 응고

고체와 액체 사이의 상태 변화에 대해 알아봅시다. 고체에 열을 공급하면 액체가 되는데 이것을 융해 또는 녹임이라고 합니다. 예를 들어 고체인 얼음에 열을 공급하면 녹아서 액체인 물이 되지요.

열을 받으면 분자들의 운동이 아이들처럼 활발해져서 분자들 사이의 힘이 약해집니다. 분자들이 열을 받아 분자들 사이의 거리가 멀어져 고체가 액체로 되는 과정을 융해라고 합니다. 그러므로 융해가 일어나기 위해서는 외부에서 열을 공급해야겠지요. 예를 들어 얼음 1그램을 녹여 물로 만들기 위해서는 80칼로리의 열이 필요합니다.

융해는 고체가 액체로 바뀌는 과정입니다. 이 과정의 반대가 바로 응고 또는 얼림입니다. 응고는 액체를 고체로 만드는 과정이지요. 물을 냉장고에 넣으면 얼음이 되는 것도 응고의 한 예입니다.

승화

고체에 열에너지를 공급하면 액체가 되고 다시 열에너지를 공급하면 기체가 됩니다. 반대로 기체가 열에너지를 잃어버리면 액체가 되고 다시 열에너지를 잃어버리면 고체가 됩니다.

그런데 어떤 물질은 액체 상태를 거치지 않고 고체에서 기체로 또

는 기체에서 고체로 변합니다. 이런 현상을 승화라고 하지요.

승화를 일으키는 대표적인 물질은 드라이아이스입니다. 드라이아이스는 사실 고체 상태의 이산화탄소를 말합니다. 이산화탄소는 영하 78도에서 고체인 드라이아이스가 되는데 이것이 열을 받으면 액체를 거치지 않고 곧바로 기체 이산화탄소가 됩니다.

이때 주위에 김이 서리는 것을 기체 이산화탄소로 알고 있는 어린이들이 있어요. 하지만 그것은 사실이 아닙니다. 눈에 보이는 김은 공기 중의 수증기가 차가운 드라이아이스와 접촉하여 응축되어 만들어진 물방울들입니다. 기체 이산화탄소는 눈에 보이지 않는답니다.

모든 액체가 같은 온도에서 얼까요?

아주 추운 날 한강물이 얼기도 하지요? 하지만 같은 온도라도 바닷물은 얼지 않아요. 그 이유는 뭘까요?

순수한 물은 0도에서 얼어요. 하지만 바닷물은 그 속에 녹아 있는 소금 때문에 순수한 물보다 낮은 온도에서 얼지요.

액체가 고체로 변하는 온도를 그 액체의 어는점이라고 하는데 어는점은 액체마다 다릅니다. 수은은 물보다 훨씬 낮은 영하 39도에서 얼고 알코올은 영하 114도에서 얼지요. 그래서 겨울에는 자동차에 물과 알코올을 함께 섞어 준답니다.

눈 오는 날 거리에 염화나트륨을 뿌리는 이유도 어는점이 낮아지게 하여 잘 얼지 않게 하기 위해서입니다.

겨울에 눈이 왔을 때 염화칼슘을 뿌리는 이유

겨울에 눈이 도로에 쌓여 얼게 되면 차들이 미끄러집니다. 그래서 그것을 방지하기 위해 뿌려 주는 것이 염화칼슘이지요. 염화칼슘은 원래 탈수나 건조용으로 쓰이는데 염화칼슘이 물에 섞이면 좀처럼 얼지 않습니다. 그러니까 일반 물은 0도에서 얼지만 염화칼슘을 뿌린 물은 얼지 않기 때문에 얼음을 녹여 물로 만드는 데 쓰이는 것입니다.

하지만 염화칼슘은 자동차나 도로에 사용된 금속을 녹이는 성질이 있어서 최근에는 염화칼슘보다 안전한 소금(염화나트륨)을 사용하지요. 특히 얼음과 소금을 3:1의 비율로 섞은 것을 한제라고 하는데, 한제의 어는점은 영하 21도 정도입니다.

테니스장에 소금을 뿌리는 이유

테니스장에는 자주 소금을 뿌려 줍니다. 소금이 물을 흡수하는 성질이 있어 테니스장을 오랫동안 축축하게 해 주므로 바닥이 잘 갈라지지 않고 먼지가 적게 쌓이기 때문이지요. 또한 겨울에는 소금 때문에 어는점이 낮아져 코트가 잘 얼지 않게 됩니다.

금이 간 컵을 감쪽같이 복구하려면

금이 간 컵은 우유가 가득 들어 있는 냄비에 넣고 끓이면 금이 감쪽같이 메워집니다. 그 이유는 뭘까요? 금은 내부의 열이 외부로 전달되지 못한 상태에서 내부가 팽창하면서 터지는 현상입니다. 이때 우유에 컵을 넣고 끓이면 우유의 단백질이 금이 간 사이로 들어가 굳으면서 빈틈을 감쪽같이 메워 주지요.

제5장 열에 관한 사건

조폭산 등산

차가운 날씨에 입을 오므리고 입김을 불면 왜 체온이 내려갈까요?

얼음장같이 차가운 바람이 사람들의 두 뺨을 때리던 어느 겨울날, 나자상 씨와 한새침 씨는 조폭산 등산에 나섰다.

조폭산은 날씨가 좋은 날에도 오르기 어려운 산으로 유명했다. 지형이 험해서 산을 올랐다 하면 다치는 사람이 한 무더기라 조폭산이란 이름이 붙여졌다. 도전을 좋아하는 두 사람은 1년 중 가장 추운 오늘을 택해 산에 오르기로 했다.

한새침 씨는 여자이지만 남자인 나자상 씨에게 결코 뒤지지 않았다. 오히려 헉헉거리는 나자상 씨를 앞에서 이끌어 주었다. 두 시간 뒤, 그들은 산 정상을 눈앞에 두고 있었다.

"자상아, 이 암벽만 오르면 조폭산 정복이야!"

한새침 씨는 눈앞의 정상을 가리키며 소리쳤다.

"헉헉, 그래! 헉헉, 조폭산아 기다려라! 헉헉……."

나자상 씨는 허리도 펴지 못한 채 계속 숨을 헐떡였다.

"그런데 새침아, 우리 이쯤에서 잠시 쉬어 가는 게 어떨까? 헉헉……."

"정상이 코앞인데 여기서 쉬자고? 흠, 네 상태를 보아하니…… 그럼 조금만 쉬자."

"새침이 넌 손 안 시리니?"

"안 시리게 생겼냐? 준비물 다 챙겼다고 큰소리치더니 장갑도 안 챙겨 오고."

"쏘리, 쏘리! 그런 의미에서 내가 손 녹여 줄게."

"아, 됐어!"

나자상 씨는 싫다는 한새침 씨의 손을 끌어당겨 냄새 나는 입김을 호호 불어 주었다. 동그랗게 오므린 나자상 씨의 입 모양은 마치 어미 새의 주둥이 같았다.

"꺄아악! 이 자식아!"

그때였다. 갑자기 한새침 씨가 나자상 씨를 발로 걷어차며 벌떡 일어섰다. 한새침 씨의 손은 나자상 씨가 잡고 있던 모양 그대로 굳어 있었다. 나자상 씨의 입김 때문에 손이 더욱 꽁꽁 얼어 버린 것이다.

“새침아! 손이 왜 그래?”

“네가 이렇게 만들어 놓고 어디서 오리발이야!”

“난 따뜻한 입김을 불어 줬을 뿐인데, 그럴 리 없어.”

“그러면 네 입 냄새에 내 손가락 세포들이 질식사한 거겠지. 내 조폭산 등반을 무산시킨 나자사앙!”

한새침 씨는 이를 으드득 갈았다. 눈에는 무시무시한 스파크가 일고 있었다.

다음 날 한새침 씨와 나자상 씨는 화학법정에서 만났다.

입을 오므리고 불면 차가운 바람이 나오고 크게 벌리고
불면 뜨거운 바람이 나옵니다. 이것은 입속 공기의 압축과
수축으로 인해 일어나는 현상입니다.

입을 벌리고 바람을 불 때와 오므리고 불 때 어느 쪽 바람이 더 따뜻할까요?

화학법정에서 알아봅시다.

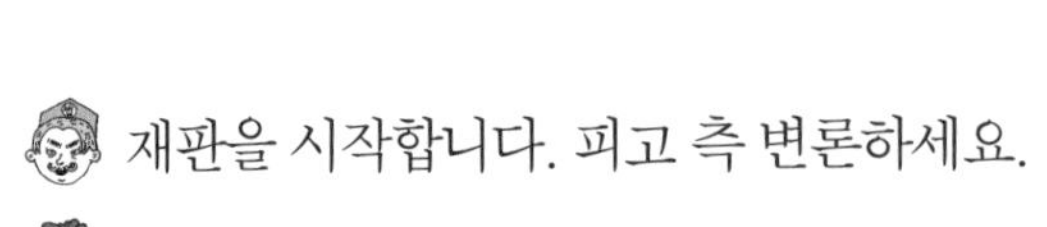

재판을 시작합니다. 피고 측 변론하세요.

나자상 씨는 이름처럼 정말 자상한 사람입니다. 여자를 배려할 줄도 알고요. 그런데 한새침 씨는 정말 어이가 없군요. 한새침 씨가 추울까 봐 나자상 씨가 입김을 불어 주었는데 그런 정성도 모르고 새침데기처럼 삐치기나 하고, 난 저런 여자가 제일 왕재수야.

이의 있습니다. 지금 피고 측 변호사는 원고 측 의뢰인을 심하게 모욕하고 있습니다.

이의를 인정합니다. 이봐요, 화치 변호사. 한 번만 더 의뢰인을 인신공격하면 변호사 자격 박탈할 거야.

제가 누군지 모르시나요? 우리 아버지가…….

앗, 화치 변호사! 조금만 부드럽게 변론해 주세요.

재판장님, 왜 그러십니까?

이런 걸 외압이라고 합니다. 아무튼 화치 변호사 성질 건드리지 말고 재판이나 계속합시다. 케미 변호사 변론하세요.

기체연구소의 이가스 박사를 증인으로 요청합니다.

'뿌웅~' 하는 초강력 방귀 소리와 함께 지저분한 외모의 남자가 증인석에 앉았다.

뭐 하는 겁니까? 신성한 법정에서 가스 사고를 일으키다니.

생리적인 현상입니다.

어휴, 냄새가 지독해서 도저히 재판을 계속할 수가 없네.

아침에 단백질 섭취가 많아서요.

케미 변호사! 변론 간단히 하세요.

알겠습니다. 증인은 어떤 일을 하고 있습니까?

기체의 성질을 조사하고 있습니다.

이번 사건의 쟁점이 뭔지 아십니까?

자료를 검토해 보니 나자상 씨가 뜨거운 바람을 불었는지 차가운 바람을 불었는지를 밝히는 것 같더군요.

바로 보셨습니다. 그럼 이번 사건에서 나자상 씨는 어떤 바람을 불었습니까?

차가운 바람입니다.

왜 그렇게 생각합니까?

입을 작게 벌리고 불면 차가운 바람이 나오고 반대로 크게 벌리면 뜨거운 바람이 나옵니다. 나자상 씨는 입을 동그랗게 작게 오므리고 바람을 불었으므로 차가운 바람이 나왔을 것입니다.

그 이유는 뭐죠?

입을 오므리면 입속에 압축되어 있던 공기가 일제히 빠져 나가면서 압축 상태에서 벗어나 팽창하면서 온도가 내려가기 때문입니다. 반대로 입을 크게 벌리면 입속의 공기가 수축되어 온도가 올라가 더운 바람이 나오게 되지요.

공기가 압축되면 온도가 올라가는 다른 예가 있습니까?

있습니다.

어떤 것입니까?

자전거 바퀴에 펌프로 공기를 넣어 보면 알 수 있습니다. 바퀴에 펌프질을 계속하면 펌프가 뜨거워집니다. 이는 바퀴 안에 공기가 압축이 되기 때문에 온도가 올라가는 것이지요.

'하' 부는 것과 '후' 하고 부는 것의 차이는?

사람이 숨을 쉴 때마다 나오는 입김에는 두 가지 서로 반대되는 성질이 나타난다. 추운 겨울날 꽁꽁 언 손을 녹이기 위해 '하' 하고 입김을 불면, 따뜻한 바람이 나와서 언 손을 녹여 줄 수 있다. 반대로 뜨거운 라면을 먹을 때에는 식히기 위해 '후' 하고 불게 되는데 이때는 찬바람이 나와서 면발이 식는 것을 알 수 있다. 똑같이 사람의 입을 통해 나오는 입김이 입 모양을 '하' 라고 하는지, 아니면 '후' 라고 하는지에 따라 달라지는 이유는 무엇일까?

입 모양의 변화

입을 크게 벌리고 입 가까이에 손등을 대고 입김을 불면 체온을 그대로 느낄 수가 있다. 그것은 입김이 입을 통해 나와서 손등에 닿기까지 열 교환이 없기 때문이다. 반면 입을 조금만 벌리고 입김을 세게 불면 좁은 입 모양을 통해 밖으로 나오던 입김은 입을 벗어나면서 압력이 줄어들게 된다. 때문에 갑자기 팽창하게 되면서 온도가 떨어지게 된다.

그런 과학이 있었군요. 재판장님! 게임이 끝난 것 같은데 어떻게 생각하세요?

그렇군요. 설상가상이라는 말이 있습니다. 또 엎친 데 덮친 격이라는 속담도 있고요. 이번 사건은 나자상 씨가 한새침 씨를 따뜻하게 해 주려다가 도리어 차가운 바람을 불어 한새침 씨의 체온을 더욱 내려가게 했으므로 나자상 씨에게 책임이 있다고 봅니다. 하지만 나자상 씨의 한새침 씨에 대한 배려의 마음은 높이 살 만하므로 이 사건은 나자상 씨와 한새침 씨가 교제를 하도록 주위에서 적극적으로 지원해 주는 것으로 결론을 낼까 합니다.

내 컵 물어내!

설거지계의 지존 수세미 씨는 왜 왕소금의 그릇들을 깼을까요?

수세미 씨는 설거지계의 지존이었다. 수세미 씨가 씻은 그릇은 항상 새것처럼 반짝거렸기 때문에, 식당 주방장들은 모두 그를 고용하고 싶어 했다.

이번에 수세미 씨를 고용하게 된 행운의 주인공은 바로 왕소금 씨였다. 왕소금 씨는 어찌나 짠지 그 이름도 왕소금이었다. 수세미 씨를 고용한 것도 새 그릇 사는 비용을 아끼기 위해서였다.

왕소금 씨의 식당에 도착한 수세미 씨는 한숨이 절로 나왔다. 식당의 모든 그릇에 누리끼리한 음식 자국이 그대로 남아 있었기 때문이다. 더러운 그릇을 보면 참지 못하는 수세미 씨는 당장 소매를 걷어붙이고 싱크대 앞에 섰다.

"으~."

30분쯤 지났을까, 그릇 씻기에 심취해 있던 수세미 씨는 손에서 그릇을 놓았다. 손이 너무 시렸기 때문이다. 구두쇠인 왕소금 씨는 기름값을 아끼기 위해 함박눈이 펑펑 쏟아지는 겨울에도 보일러를 틀지 않았다. 수세미 씨는 손에 동상이 걸리지 않으려면 다른 대책을 강구해야 했다.

수세미 씨는 주방에 있는 가스레인지에 물을 끓이기 시작했다. 뜨거운 물로 설거지를 하면 소독하는 효과도 있어 일석이조일 거라 생각했다.

잠시 후, 그는 펄펄 끓는 물을 그릇들이 담긴 설거지통에 부었다. 그런데 이게 웬일인가! 갑자기 그릇들이 '찌지직' 소리를 내며 깨지는 것이 아닌가. 수세미 씨는 놀라고 당황해서 어찌해야 할지 갈피를 잡을 수가 없었다. 그런데 그때 왕소금 씨가 주방으로 들어왔다.

"수세미 씨, 무슨 일 있습니까?"

"그, 그게……."

대답하기를 망설이는 수세미 씨의 등 뒤로 깨진 그릇들이 보였다. 왕소금 씨의 얼굴이 순식간에 벌겋게 달아올랐다.

"아니, 내 소중한 그릇들을 이 모양으로 만들다니! 수세미 씨, 당장 나가!"

"지금 천하의 수세미를 해고하시는 겁니까? 이건 왕소금 씨의 그릇들이 원래 약해 빠져서 그런 겁니다!"

"뭐라고? 내 그릇들을 저렇게 비참한 꼴로 만든 것도 모자라 모욕까지 하다니. 도저히 못 참아!"

"나도 못 참습니다! 이 천년 묵은 구두쇠 같으니라고!"

수세미 씨와 왕소금 씨는 서로 치고받으면서 화학법정까지 걸어갔다.

차가운 유리컵이나 그릇에 갑자기 뜨거운 물을 부으면
열의 불균형으로 인해 컵이 깨집니다. 컵이 두꺼울수록
그 차이가 더욱 커져 더 잘 깨지게 됩니다.

유리컵에 뜨거운 물을 부으면 왜 깨질까요?
화학법정에서 알아봅시다.

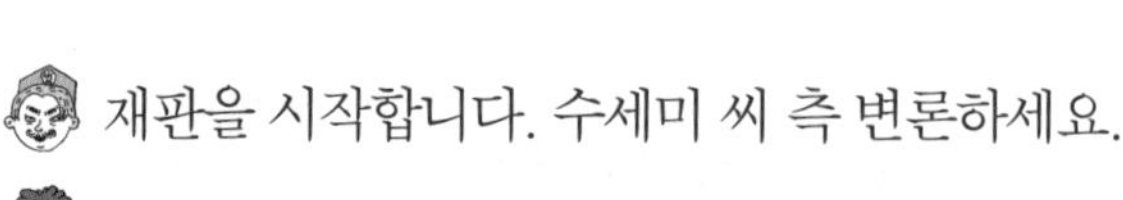

재판을 시작합니다. 수세미 씨 측 변론하세요.

설거지를 하다 보면 컵이 좀 깨질 수도 있는 겁니다. 그런 일로 뭘 재판까지 합니까? 대충 좋은 게 좋은 거라고 나중에는 안 깨겠지 하고 그냥 넘어가면 얼마나 살기 좋은 세상입니까? 그래서 본 변호사는 이번 사건에 대해 법정에서 판결을 내리지 말고 둘이 화해하도록 주위에서 도와줄 것을 제안합니다.

재가 뭘 잘못 먹었나? 왜 오늘은 감동을 쏘는 거지?

저도 나이가 들어서 그럽니다. 사람답게 살아 봐야지요.

아무튼 한 감동이었소. 그건 나중에 판결할 때 참고하기로 하고 이번에는 왕소금 씨 측 변호인 변론하세요.

우리 화학법정은 오로지 화학적인 근거로만 변론하는 것으로 알고 있습니다. 그래서 좀 더 정확한 증언을 위해 열팽창연구소의 아뜨거 박사를 증인으로 요청합니다.

얼굴이 붉게 달아오른 둥근 얼굴의 남자가 증인석에 앉았다.

증인은 어떤 일을 합니까?

열에 따른 고체의 팽창을 연구하고 있습니다.

열을 받으면 팽창하나요?

그렇습니다. 모든 물질은 분자로 이루어져 있습니다. 열을 받으면 에너지를 얻게 되어 분자들의 활동이 활발해지지요. 그래서 분자들 사이의 거리가 멀어지는데 이로 인해 부피가 커지는 것을 열팽창이라고 합니다.

그럼 이번 사건도 열팽창 때문이군요.

그렇습니다. 뜨거운 물로 인해 유리컵이 팽창했기 때문에 일어난 일이지요.

그런데 이상한 점이 있습니다.

뭡니까?

유리컵이 골고루 팽창했다면 깨질 이유는 없지 않습니까?

유리컵의 안쪽에 뜨거운 물을 부었지요? 그러면 안쪽의 유리는 온도가 올라가 팽창하고 바깥은 아직 열을 전달 받지 못해 그대로 있게 됩니다. 그러면 균형이 깨지겠지요? 그래서 컵이 깨진 것입니다.

분자는 두 개 이상의 원자가 어떤 힘에 의해 일정한 형태로 결합한 것을 말한다.
분자는 온도와 압력에 따라 고체, 액체, 기체 상태로 존재할 수 있으며 상태가 변하더라도 분자 내의 원자 간 결합의 길이는 변하지 않으며 대신, 분자간의 거리가 변화하면서 상태가 변한다. 또한 분자는 쪼개져 다시 원자로 될 수 있다 .

그럼 컵이 두꺼울수록 더 잘 깨지겠군요.

그렇습니다. 두 부분의 온도의 차이가 더 클 테니까요.

증언 고맙습니다. 이번 사건은 결국 수세미 씨의 잘못으로 결론이 난 것 같습니다. 그렇죠, 재판장님?

맞습니다. 화학을 잘 알면 생활 속에서 물건을 아낄 수 있다는 결론을 얻을 수 있었어요. 아까운 유리컵들이 뜨거운 물 때문에 모두 죽어 버렸잖아요. 불쌍한 유리컵들, 흑흑.

재판장님 너무 센티하시다.

눈물이 앞을 가려 더 이상 재판 못하겠어요. 두 사람이 알아서 화해하도록 하세요. 죽은 유리컵의 명복을 빌어 주던가.

컵을 빼 주세요

두 개의 유리컵이 포개져 빠지지 않을 때는 어떻게 해야 할까요?

리치시티에서 돈 많기로 소문난 천만원 씨 집에서 가든파티가 열렸다. 천만원 씨의 아들인 천원이 리치대학에 합격한 것을 축하하기 위한 파티였다. 리치시티의 많은 유명 인사들이 축하해 주기 위해 천만원 씨의 집을 찾았다.

그 때문에 천만원 씨 집에서 가정부로 일하는 설거지 씨는 눈코 뜰 새 없이 바빴다. 손님이 테이블에 차려진 음식을 다 먹고 일어나면 눈썹 휘날리게 뛰어가 빈 그릇을 치우고 새 음식을 가져다 놓았다.

절대 두 가지 일을 병행하지 못하는 설거지 씨는 그렇게 음식만 죽어라 가져다 날랐다. 그러다 보니 주방에 설거지는 산더미처럼 쌓여 갔고 쓸 수 있는 그릇은 점점 줄어들었다.

파티가 무르익어 갈 때쯤, 리치시티의 시장 부부가 도착했다. 시장은 맥주를 굉장히 좋아했는데 이 사실을 모르면 리치시티에서 간첩이었다. 천만원 씨는 설거지 씨에게 최고급 맥주를 내오라고 했다.

설거지 씨는 부리나케 주방으로 달려가서 '럭셔리 맥주'를 챙겼다. 그리고 컵을 찾았다. 다행히 깨끗한 컵 두 개가 남아 있었다. 그런데 어찌된 일인지 두 개의 컵이 꼭 끼어서 빠질 생각을 않는 것이었다.

"어? 이거 왜 이래? 바빠 죽겠는데. 에잇, 모르겠다!"

설거지 씨는 급한 대로 이미 썼던 컵 하나를 물에 대충 씻었다. 정원으로 뛰어나가자 천만원 씨가 왜 이리 늦었냐며 나무랐다.

설거지 씨는 천만원 씨의 따가운 눈초리를 피해 시장 앞에 맥주를 내려놓았다. 시장은 어이없는 표정으로 천만원 씨를 올려다보았다. 천만원 씨는 이를 으드득 갈며 설거지 씨를 노려보았다.

테이블 위에는 고춧가루가 덕지덕지 묻은 컵과 서로 끼인 컵 두 개가 나란히 놓여 있었다. 이 같은 대접에 기분이 상한 시장 부부는 그대로 일어나 돌아가 버렸고, 천만원 씨 집은 그야말로 초상집이 되었다.

"설거지 씨, 당장 해고요!"

"부당합니다! 전 열심히 일했다고요."

"깨끗한 컵을 분리해서 내놓으면 될 일인데, 왜 고춧가루 묻은 컵까지 같이 내놓아서 나를 망신시킨 거요. 도대체 왜?"

"젖 먹던 힘까지 다해 빼 보려 했지만 안 빠지던데요."

"말도 안 되는 소리! 당장 나가!"

그래도 분이 안 풀린 천만원 씨는 설거지 씨를 명예훼손죄로 화학 법정에 고소했다.

컵이 빠지지 않을 때 바깥쪽 컵은 뜨거운 물에 담그고
안쪽 컵에 찬물을 부으면 두 컵 사이에 수축과 팽창으로 인해
틈이 생겨 쉽게 분리됩니다.

여기는 화학법정

두 개의 컵이 포개져 빠지지 않을 때 어떤 방법을 써야 할까요?

화학법정에서 알아봅시다.

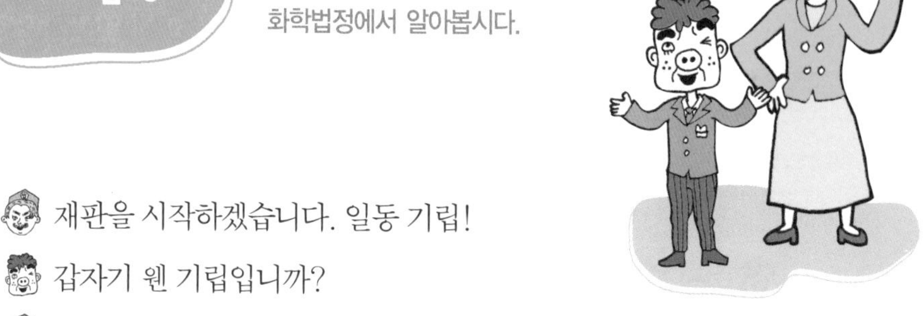

재판을 시작하겠습니다. 일동 기립!

갑자기 웬 기립입니까?

가만, 내가 제정신이 아니군. 화치 변호사에게 전염되어 정신이 이상해진 것 같아.

갑자기 제 핑계는 왜 대시는 겁니까?

아무튼 피고 측 변론하세요.

설거지 씨는 열심히 일했습니다. 그런데 컵 두 개가 포개져서 빠지지 않는데 어떻게 하란 말입니까? 그렇게 많은 사람이 올 줄 알았다면 천만원 씨가 좀 더 많은 컵을 준비해 두었어야 하는 거 아닌가요? 사람 수랑 딱 맞게 컵을 준비하고 컵이 빠지지 않는다고 설거지 씨를 탓하는 건 가진 자의 지나친 횡포라는 생각이 듭니다. 이에 본 변호사는 이번 사고에 대해 설거지 씨는 책임질 일이 하나도 없다고 봅니다.

그 근거는 뭡니까?

이 사건은 컵재지변이기 때문입니다.

그게 무슨 말인가요?

하늘이 만든 변은 천재지변이라고 하지 않습니까? 이건 컵이 만든 변이니까 컵재지변이라고 이름 붙여 봤습니다. 어때요, 제 순발력? 역쉬 신세대 변호사라는 소문이 틀리지 않았지요?

헉! 가슴이 답답해 오는군. 케미 변호사, 상큼한 변론 부탁해요.

하루 이틀도 아니니까 화치 변호사의 변론은 한쪽 귀로 듣고 한쪽 귀로 흘리세요, 재판장님.

그렇게 하고 있어요.

자, 그럼 변론을 시작합니다. 저는 증인으로 열팽창에 대한 수많은 논문을 쓴 더워요 박사를 모시겠습니다.

붉은색 모자를 눌러쓴 40대의 남자가 증인석에 앉았다.

증인은 열팽창에 대한 논문을 많이 썼지요?

기체의 부피 팽창

물질은 고체 · 액체 · 기체 세 가지 상태를 가진다. 고체는 분자와 분자 사이의 거리가 대단히 작아서 오밀조밀하게 결합되어 있다. 액체는 고체인 경우보다 분자와 분자 사이의 거리가 떨어져 있기 때문에 분자가 움직일 수 있는 공간이 있다. 따라서 액체는 유동적이며 담겨 있는 그릇에 따라서 모양이 변할 수 있다.

그런데 기체는 분자 사이의 거리가 아주 많이 떨어져 있어 분자의 운동이 활발하게 일어난다. 이것은 고체 · 액체 · 기체가 같은 무게라면 기체는 굉장히 큰 부피를 차지하게 된다.

고체나 액체의 물질이 기체로 되면서 팽창하는 것을 생활 속에 접목한 것이 바로 에어백이다. 에어백은 센서가 차의 충돌을 감지해 백을 순간적으로 부풀리는 것으로, 기체로 변하면서 팽창하는 성질을 이용하는 것이다.

에어백은 차가 충돌할 때 좁은 공간에 있던 고체 연료를 순간적으로 연소시켜 기체로 바꾸기 때문에 부피가 커져 백이 부풀어 오르는 원리이다.

네, 두 편 썼습니다.

그게 많이 쓴 건가요?

우리 대학에서는 제가 가장 많이 썼는데요.

어느 대학이죠?

노라바 대학입니다.

이해가 됩니다. 그럼 이번 사건에 대해 어떻게 생각하십니까?

컵 두 개를 쉽게 분리하는 방법이 있어요.

어떤 방법입니까?

바깥쪽 컵은 뜨거운 물에 담그고 안쪽 컵에 찬물을 부으면 됩니다.

그건 왜죠?

그럼 바깥쪽 컵은 온도가 높아 팽창하고 안쪽 컵은 온도가 낮아 수축하려 하므로 두 컵 사이에 틈이 생겨 쉽게 빠지지요.

아하! 그런 간단한 방법이 있었군요. 게임이 끝난 것 같습니다, 재판장님.

판결합니다. 이렇게 간단하게 두 컵을 분리하는 방법이 있으므로 이번 사건에 대해 설거지 씨의 책임을 묻지 않을 수 없습니다. 하지만 컵을 손님 수에 딱 맞게 준비한 천만원 씨에게도 책임을 묻지 않을 수 없으므로 이번 사고에 대한 책임은 두 사람 모두에게 있는 것으로 판결하겠습니다.

호수가 얼면 물고기가 죽잖아요?

피라미와 피그미 형제의 걱정대로 호수가 꽁꽁 얼면
그 속에 있던 물고기도 얼어 죽을까요?

"물고기 좀 봐. 역시 우리 안목은 탁월해."

"이거 고를 때 네가 반대한 건 생각 안 나니? 이건 역시 내 안목이야."

"짜식, 묻어가려 했더니."

피라미와 피그미는 쌍둥이 형제이다. 두 사람은 나이는 어리지만 물고기 기르는 것에 관심이 많았다. 아버지의 서재에서 《물고기 나라 신나라》라는 책을 읽고 난 다음부터 물고기에 관심이 많아졌다. 이후 두 사람은 물고기 파는 가게를 지나갈 때마다 발걸음을 돌리지 못하고 유리창에 달라붙다시피 하며 물고기들을 구경하곤 했다.

그런 두 사람에게 지난여름 부모님이 생일 선물로 물고기를 선물해 준다고 했다. 함께 물고기를 사러 가기로 한 날 아침, 그들은 가게 문을 열기도 전에 빨리 물고기를 사러 가자고 부모님을 졸랐다.

"엄마, 빨리 물고기 사러 가요."

"아앙, 물고기 사 준댔잖아요."

부모님은 아이들의 성화에 못 이겨 물고기 가게로 향했다. 두 사람이 고른 것은 플래티라는 쌍둥이 물고기였다. 그날 이후 두 사람은 물고기를 기르는 데 온 정성을 다했다.

두 사람이 산 물고기는 어항에서 기르기에는 너무 컸다. 그래서 두 사람이 선택한 곳은 집 근처에 있는 호수였다. 호수 관리소에서는 두 사람이 제대로 관리한다는 것을 조건으로 호수에서 물고기 기르는 것을 허락해 주었다.

"감사합니다. 정말 복 받으실 거예요."

피그미, 피라미 형제가 기르는 물고기는 보통 물고기 판매 가게에서는 찾아보기 힘든 종류였다. 그들이 물고기를 좋아한다는 것을 안 부모님은 희귀 종 물고기만을 파는 가게로 아이들을 데려갔고, 아이들은 자신들의 지식을 한껏 활용하여 귀하디귀한 물고기를 고른 것이다.

두 사람은 학교에서 돌아오자마자 물고기가 있는 호수로 가서 밥도 주고 청소도 했다.

"피그미, 물고기들 정말 예쁘지 않니?"

"그렇지? 물고기 색깔이 어쩜 저렇게 예쁜지 모르겠어. 너무 부러워."

"우리도 물고기처럼 예쁘게 생겼으면 옷도 안 사도 되고 참 좋을 텐데."

"피라미 네 상상력은 알아줘야 해. 으이구."

두 사람은 거의 매일 물고기를 보러 왔다. 학교 가기 전에 잠깐 들르고, 또 학교 갔다 오는 길에도 들러서 물고기들이 잘 있나 살폈다.

부모님과의 약속만 아니었다면 두 사람은 하루 종일 물고기들 곁을 떠나지 않았을 것이다. 피그미와 피라미는 하루 한 시간씩만 물고기를 보러 가고 나머지 시간은 열심히 공부하기로 부모님과 굳게 약속했던 것이다.

"오늘은 완전 봄 날씨 같아. 물고기들도 좋겠다."

"애들은 물이 이불이니까 그렇게 춥지는 않을 거야."

두 사람은 부모님과 약속한 시간이 되자 물고기들을 남겨 두고 집으로 돌아왔다. 날씨가 워낙 따뜻해서 물고기에 대한 걱정은 없었다. 그래도 혹시 몰라 그날 저녁 일기 예보를 유심히 살폈으나 기온이 떨어진다는 소식은 없었다. 두 사람은 안심하고 잠자리에 들었다.

"피그미, 피라미. 날이 너무 추워. 물고기는 잘 챙기고 왔니?"

다음 날 엄마의 깨우는 소리에 눈을 떠 보니 전혀 뜻밖의 일이 벌어지고 있었다. 어제 예상과 달리 세상이 꽁꽁 얼어붙어 있었던 것이다.

두 사람은 잠옷에 두툼한 겉옷 하나만을 걸치고 재빨리 호수로 뛰어갔다.

"우리 물고기들은 어떻게 되었을까?"

"좀 더 빨리 뛰어. 물고기들이 걱정되어 죽을 지경이야."

두 사람이 도착해 보니 호수는 꽁꽁 얼어 있었다. 그 위에서 스케이트를 타도 될 정도였다.

"어떡해! 물고기들이 안 보여. 다 죽었나 봐. 엉엉엉."

"얼음이 저렇듯 꽁꽁 얼었는데 물고기들이 살아 있을 리 없잖아. 흑흑흑."

두 사람은 주저앉아 큰 소리로 울었다. 두 사람이 걱정되어 뒤따라온 부모님은 그 모습을 보자 마음이 너무 아팠다.

집으로 돌아온 피그미와 피라미는 울다 지쳐서 잠이 들었다. 부모님은 기상청의 엉터리 예보를 용서할 수가 없었다.

"우리 아이들 눈에서 눈물을 빼냈어요. 결코 용서할 수 없어요."

피그미와 피라미 부모님은 기상청을 엉터리 예보로 인한 물고기 살해 죄로 화학법정에 고소했다.

호수 표면의 얼음이 열이 밖으로 빠져나가는 것을
막아 주기 때문에 얼음 밑에 있는 물은 더 이상 열을
빼앗기지 않아 물 그대로의 상태가 유지됩니다.

호수가 얼면 물고기가 죽을까요?
화학법정에서 알아봅시다.

재판을 시작하겠습니다. 먼저 원고 측 변론하세요.

아무튼 요즘 기상청 예보가 부쩍 부정확해져서 큰일입니다. 외국의 위성사진도 좀 보고 정 안 되면 신경통 걸린 할머니께 다리가 쑤시는지 여쭤 보고 해서 좀 더 정확한 예보를 해야지, 이게 뭡니까?

가만, 신경통은 왜 나오는 건가요?

재판장님도 참, 신경통이 있으신 할머니들이 다리가 쑤시면 다음 날 흐려진다고 하잖아요. 겨울에 흐려지면 눈이 올 확률이 높고요.

그런 게 있었나요?

재판장님도 공부 좀 하세요.

끙……. 이번에는 피고 측 변론하세요.

호수연구소의 나풍덩 박사를 증인으로 요청합니다.

얼굴이 아주 작은 30대의 남자가 증인석으로 천천히 걸어 들어왔다.

증인은 어떤 일을 합니까?

호수에 대한 연구를 하고 있습니다.

호수가 뭐 연구할 게 있나요? 그냥 웅덩이에 물이 고여 있으면 호수 아닌가요?

맞습니다. 마땅히 할 연구거리가 없어서 호수 연구를 좀 하고 있지요.

좋습니다. 그럼 본론으로 들어가서 호수 물이 얼면 물고기가 모두 죽나요?

그렇지 않습니다.

그건 왜죠?

호수 물은 위만 얼기 때문이지요.

왜요? 모두 다 어는 것 아닌가요?

물은 4도에서 부피가 가장 작습니다. 그리고 밀도는 물의 질량을 부피로 나눈 값이니까 4도의 물의 밀도가 가장 높지요.

그런데요?

밀도가 높은 물은 아래로 가라앉습니다. 그리고 그 위로 밀도가 낮은 얼음이 얼게 되는 거예요.

그래서 호수 표면만 언다는 말이군요.

맞습니다. 그러면 얼음이 외부로 열이 빠져 나가는 것을 막아 주기 때문에 얼음 밑에 있는 물은 더 이상 열을 빼앗기지 않아 물 그대로의 상태로 유지되지요. 그 속에서 물고기들이 헤엄치

고 있을 거예요. 그러니까 봄이 와서 얼음이 녹으면 다시 물고기들을 볼 수 있을 겁니다.

그렇군요. 괜한 소동이었군요. 재판장님, 판결 부탁해요.

뭐 판결할 게 있습니까? 얼음이 녹을 때까지 기다려 보면 되겠군요. 그때 물고기가 있는지 없는지를 보면 제일 확실하잖아요. 따라서 이번 재판은 눈이 녹는 봄에 다시 하는 걸로 하겠습니다.

호수의 얼음 아래 물고기는 어떻게 살 수 있을까?

이 이야기를 하기 위해서는 먼저 밀도에 대해 살펴보아야 한다. 밀도 = (질량/부피)라는 공식으로 나타낼 수 있다. 이 공식을 통해 물질의 부피나 질량은 그 특성이 될 수 없으나 밀도는 물질의 고유한 값으로, 물질의 고유한 특성이 될 수 있다.

밀도에 대한 유명한 이야기는 고대 그리스의 자연 과학자 아르키메데스의 왕관 사건이다. 아르키메데스는 왕관이 순금으로 만들어진 것인지 다른 물질이 섞인 것인지를 알아내기 위해 고민하던 중에 목욕을 하게 되고 욕조에서 흘러내리는 물을 보고 힌트를 얻게 된다.

왕관의 질량은 금 덩어리와 같았으나 부피가 다르기 때문에 물속에 넣었을 때 같은 질량의 금 덩어리와 왕관이 밀어내는 물의 부피가 달랐던 것이다. 이를 통해 왕관이 순수한 금으로 만들어지지 않았음을 알아냈다.

생수병에 물을 가득 채워 냉동실에 넣어 두면 물이 얼어 부피가 늘어난 것을 볼 수 있다. 이것은 얼음이 되면 부피가 증가한다는 것을 보여 주는 것이다. 따라서 얼음의 밀도는 항상 물의 밀도보다 작고(분모인 부피의 질량이 커지므로), 그래서 얼음은 물위로 뜨게 된다. 따라서 꽁꽁 언 저수지 아래의 물고기들은 아무 탈 없이 겨울을 보낼 수 있는 것이다.

전자레인지 호빵을 조심해

전자레인지에서 데운 호빵은 왜 겉은 미지근한데 속은 뜨거울까요?

나뚱뚱 양은 먹는 것이라면 하나에서 열까지 모르는 것이 없었다. 초등학교 4학년인 나뚱뚱 양은 벌써 몸무게가 50킬로그램을 넘어서고 있었다. 어찌나 뚱뚱했던지 학교에 맞는 책상과 의자가 없었다. 그래서 중학생용 책상과 의자를 특별 주문해서 가져와야 했다.

아이들의 놀림도 많이 받았다. 하지만 나뚱뚱 양 특유의 긍정적인 성격 덕분에 그런 놀림 따위는 아무런 문제가 되지 않았다. 처음에는 좀 마음이 쓰였지만 곧 나뚱뚱 양이 다른 친구들을 물들이기 시작했다.

"너, 이 초콜릿이 얼마나 맛있는지 알아?"

"그만 먹어. 요즘은 몸매 관리 안 하면 인기 완전 꽝인 거 몰라?"

"난 남자애들이 좋아해 주는 것보다 음식들이 날 좋아해 주는 게 더 좋아."

"정말 구제 불능이야. 여자애가 어쩜 그래?"

"여자애가라니! 먹는 것에 대한 욕구는 타고나는 거야. 이건 내 잘못이 아니라고."

먹는 것에 대한 나뚱뚱 양의 생각은 확고했다. 옆에서 누가 무슨 말을 해도 들리지 않는 듯했다.

"그건 그렇고 이 초콜릿 좀 먹어 봐. 정말 맛이 죽여 줘."

나뚱뚱 양이 초콜릿 한 조각을 친구 나실실 양에게 건네며 말했다. 친구는 살이 찔까 썩 내키지 않았지만 맛이 있다고 입에 침이 마르도록 이야기하는 바람에 솔깃하여 초콜릿을 받아서 입에 넣었다.

"오, 딜리셔스! 아주 맛있어. 좀 더 주라."

나실실 양은 초콜릿을 더 달라고 손을 내밀었다.

"이걸 어째, 이젠 없네. 그러게 준다고 할 때 얼른 받았어야지."

그 뒤 나실실 양 역시 초콜릿을 입에 달고 살았다.

나뚱뚱 양이 추천하는 음식은 맛이 없는 것이 없었다. 친구들도 이제 나뚱뚱 양의 진가를 알아보고 너도나도 음식에 대한 조언을 구하기 위해 그녀에게 몰려들었다.

"야 식신, 나 오늘 점심에 김밥을 먹을 건데, 어느 분식집 김밥이 맛있어?"

"학교 앞 신호등 건너 오른쪽, 왼쪽, 다시 오른쪽으로 가다 보면 우리말아 김밥이 있어. 거기 참치김밥이 장난 아니야. 그 두툼한 크기 하며 신선한 재료가 아주 그만이야."

이렇게 같은 반 아이들은 물론 다른 반 아이들까지 나뚱뚱 양에게 맛있는 음식을 추천해 달라고 졸랐다.

그러던 어느 날이었다. 다음 날 소풍을 가기로 해서 그날은 단축 수업을 했다.

"여러분, 내일은 하늘공원으로 소풍을 가는 날입니다. 내일 챙겨야 할 것들은 알림장에 다 적어 놓았지요?"

"예!"

선생님의 물음에 신이 난 아이들은 큰 소리로 대답했다.

"먹을 것만 많이 사 오지 말고, 야외 학습이니깐 필기구도 꼭 준비해 오세요."

"예!"

선생님의 말이 끝나자마자 아이들은 썰물같이 빠져 나갔다. 그중 선두에 선 사람은 나뚱뚱 양이었다. 평소 같으면 간식을 먹을 시간이라 배가 몹시 고팠던 나뚱뚱 양은 잽싸게 교실을 나가 학교 앞에 있는 편의점으로 달려갔다.

"우아! 나뚱뚱이 달리는 날도 있어?"

"무슨 일이 있나 봐."

"일은 무슨. 배가 고파서 그럴 거야. 아까 아침에 간식 싸 온 거 다 먹어 버렸다더니."

"그래, 이 시간이면 여유롭게 매점에서 빵 먹고 있어야 할 텐데."

나뚱뚱 양이 어찌나 세게 달렸는지 운동장이 쿵쿵 울리는 것 같았다.

편의점에 도착한 나뚱뚱 양은 김밥에 컵라면, 소시지까지 잔뜩 쌓아 놓고 먹기 시작했다. 어찌나 정신없이, 또 맛있게 먹어 대는지 편의점에 들른 사람들은 나뚱뚱 양에게서 눈을 떼지 못했다. 허기가 조금 가시는 것 같자 그제야 한숨을 크게 내쉬었다.

"휴, 이제야 배가 부르는 것 같다. 선생님은 오늘 일찍 마칠 거면 미리 말씀을 해 주셨어야지."

"어제 말씀하셨어. 네가 먹느라고 못 들어서 그렇지. 그리고 말씀하셨으면 어떻게 하려고 했어?"

옆에 있던 친구가 물었다.

"아, 말씀하셨구나. 말씀하셨으면 오늘 간식을 좀 더 넉넉히 싸 왔을 거야."

나뚱뚱 양의 말에 친구는 놀라서 입이 벌어졌다.

두 친구는 쓰레기를 분리해서 버리고 집으로 가기 위해 편의점 문 쪽으로 걸어갔다. 그때였다. 나뚱뚱 양이 호빵을 보고 군침을 삼키더니 급기야 호빵을 샀다.

"정말 못 말려. 나뚱뚱 네 배에는 우주가 들었니? 어쩜 그렇게 먹고도 또 배가 고파?"

그러나 나뚱뚱 양의 귀에는 친구의 말이 들리지 않았다.

"이것 좀 데워 주세요!"

몇 분 후 편의점에서 일하는 언니가 전자레인지에서 호빵을 꺼내 나뚱뚱 양에게 건네주었다. 호빵은 생각보다 뜨겁지가 않았다. 성급한 나뚱뚱 양은 호빵을 통째로 입에 넣어 버렸다.

하지만 호빵을 먹은 나뚱뚱 양의 입속에서는 난리가 났다. 미지근한 겉과 달리 속이 너무 뜨거웠던 것이다. 입속이 홀라당 벗겨져서 물 한 모금 넘기기 힘든 것은 물론 말도 할 수 없었다. 나뚱뚱 양은 며칠 동안 좋아하는 음식을 먹지 못하자 편의점을 화학법정에 고소했다.

불에 데운 음식은 바깥쪽이 뜨겁고 전자레인지로
조리한 음식은 안쪽이 뜨겁습니다.
이는 전자레인지의 과학적 원리 때문입니다.

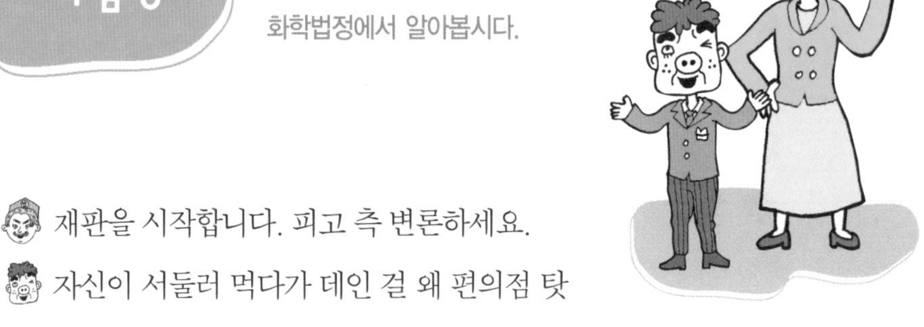

여기는 화학법정

전자레인지에서 데운 호빵은 왜 속이 뜨거울까요?

화학법정에서 알아봅시다.

재판을 시작합니다. 피고 측 변론하세요.

자신이 서둘러 먹다가 데인 걸 왜 편의점 탓으로 돌립니까? 호빵처럼 뜨거운 걸 먹을 때는 호호 불어 가면서 조심스럽게 먹어야 한다는 걸 안 배웠는지. 도대체 조심성이 없어요. 아무튼 호빵은 뜨거워야 제 맛입니다. 본인의 부주의로 일어난 사고는 본인이 책임을 져야 한다는 것이 저의 주장입니다.

원고 측 변론하세요.

전자레인지 연구소 소장인 아뜨거 씨를 증인으로 요청합니다.

라면 머리를 한 40대 초반의 남자가 증인석으로 걸어 들어왔다.

증인은 어떤 일을 합니까?

전자레인지의 조리법에 대한 연구를 하고 있습니다.

전자레인지로 조리할 때와 불로 조리할 때 차이가 있습니까?

많은 차이가 있습니다.

가장 중요한 차이는 뭔가요?

불에 데운 음식은 바깥쪽이 뜨겁고 전자레인지로 조리한 음식은 안쪽이 뜨겁습니다.

그 이유는 뭔가요?

불은 바깥쪽부터 열이 전달되어 점차 온도가 올라가는 방식입니다. 반면 전자레인지는 다른 원리로 음식을 데우지요.

어떤 원리입니까?

전자레인지에서는 눈에 보이지 않은 긴 파장의 마이크로파가 발생합니다. 이 파동은 음식 속으로 들어가 음식 속에 있는 수분에 부딪힙니다. 그러면 수분은 에너지를 얻어 밖으로 탈출하려고 날뛰게 됩니다. 이걸 유식한 말로 수분의 운동 에너지가 증가했다고 하지요. 그런데 음식 표면이 수분이 탈출하는 것을 막으니까 수분은 음식 속에서 마구 충돌하면서 음식에 열에너

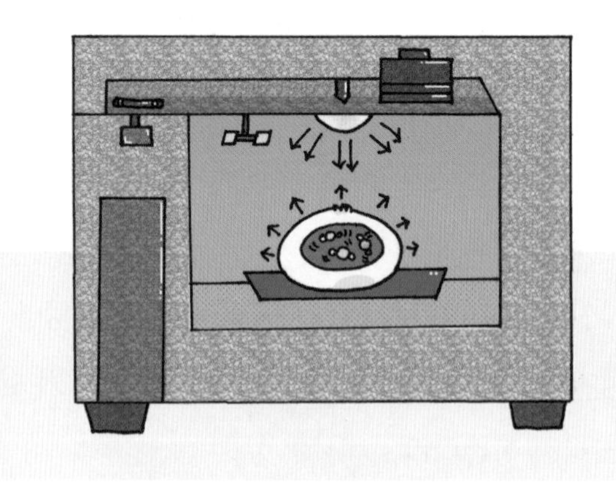

지를 주게 됩니다. 그래서 음식 안쪽이 열을 받아 뜨거워지는 것이지요. 전자레인지로 조리한 음식은 속이 뜨겁기 때문에 조심해서 먹어야 합니다. 입을 데기 십상이니까요.

그런 차이가 있었군요.

판결합니다. 아뜨거 박사의 말을 잘 들었습니다. 이렇게 조리법이 다른 것이라면 편의점 직원이 호빵을 손님에게 건네줄 때 "안이 뜨거우니 천천히 드세요"라고 미소를 지으며 말했다면 좋았을 거라는 생각이 듭니다. 이제 물건만 파는 편의점이 아니라 친절도 같이 파는 즐거운 편의점이 되었으면 합니다. 그럼 누이 좋고 매부 좋은 거 아닐까요? 이상으로 판결을 마칩니다.

물질의 뜨겁고 차가운 정도를 나타낼 때 온도를 사용합니다. 우리는 물이 어는 온도를 0도로, 물이 끓는 온도를 100도로 하고 그 사이를 100등분한 한 눈금을 1도로 하여 온도를 정의합니다.

왜 온도가 달라질까요? 물질을 구성하는 분자들의 움직임이 달라지기 때문입니다. 온도가 낮을 때 분자들은 느리게 움직이고 온도가 높을 때 분자들은 활발하게 움직입니다.

열이란 무엇일까요?

이제 열에 대해 알아봅시다. 뜨거운 빵을 만지면 손이 뜨거워집니다. 이때 뜨거운 빵에서 손으로 이동하는 에너지가 바로 열입니다. 즉 뜨거운 빵이 열이라는 에너지를 손에게 준 것이지요. 이렇게 온도가 높은 물질에서 낮은 물질로 이동하는 에너지를 열이라고 부릅니다. 그래서 열을 열에너지라고도 하지요.

이때 이동한 열의 양을 열량이라고 합니다. 열량의 단위는 칼로리(cal)를 사용합니다. 1칼로리의 열이란 물 1그램을 1도 높이는 데 필요한 열량입니다.

물 2그램을 1도 높이는 데는 2칼로리의 열이 필요합니다. 즉 질량이 두 배가 되면 같은 온도를 높이는 데 두 배의 열량이 필요하지요. 따라서 다음과 같은 사실을 알 수 있습니다.

열량은 물질의 질량에 비례한다.

물 1그램을 2도 높이는 데 필요한 열량은 얼마일까요? 2칼로리이지요. 온도의 변화가 두 배가 되면 두 배의 열량이 필요합니다. 따라서 다음과 같은 사실을 알 수 있습니다.

열량은 온도 변화량에 비례한다.

비열이란 무엇일까요?

모든 물질 1그램을 1도 높이는 데 1칼로리의 열량이 필요한 것은 아닙니다. 예를 들어 철 1그램을 1도 높이는 데 필요한 열량은 $\frac{1}{8}$칼로리입니다. 그러므로 다음과 같이 쓸 수 있습니다.

$$1\text{칼로리}=1\times(\text{물 1그램})\times(\text{1도 변화})$$

$$\frac{1}{8}\text{칼로리}=\frac{1}{8}\times(\text{철 1그램})\times(\text{1도 변화})$$

이때 $\frac{1}{8}$을 철의 비열이라고 부릅니다. 물론 물의 비열은 1이지요. 따라서 다음과 같은 공식을 얻을 수 있습니다.

$$(\text{열량})=(\text{비열})\times(\text{질량})\times(\text{온도 변화})$$

과학성적 끌어올리기

철 1그램에 1칼로리의 열량이 공급되면 온도가 몇 도 높아질까요? 이것은 다음과 같이 나타낼 수 있습니다.

$$1칼로리 = \frac{1}{8} \times 1그램 \times (온도\ 변화)$$

이 식을 풀면 온도 변화는 8도가 됩니다.

1칼로리의 열로 물 1그램은 1도 높일 수 있지만 철 1그램은 8도를 높일 수 있습니다. 이렇게 같은 질량의 두 물체에 같은 열량을 공급해도 비열이 작을수록 온도 변화가 크지요.

이것은 비열이 작은 물질이 열을 잘 흡수하는 성질이 있기 때문입니다. 즉 물보다는 철이 열을 잘 흡수하여 분자들의 운동이 더 활발해지기 때문에 온도가 더 많이 올라가는 것입니다.

물은 다른 물질에 비해 비열이 큰 편입니다. 또 온도가 잘 변하지 않습니다. 사람의 몸은 70퍼센트가 물로 이루어져 있으므로 늘 일정하게 체온이 유지될 수 있는 것이지요.

뜨거운 물과 차가운 물을 섞으면 미지근한 물이 됩니다. 그 이유는 뭘까요? 그것은 뜨거운 물에서 차가운 물로 열이 이동하기 때문입니다. 이때 열을 받은 차가운 물은 온도가 올라가고 열을 잃은 뜨거운 물은 온도가 내려가지요. 이와 같은 원리로 온도가 다른 두 물체가 만났을 때의 온도를 결정할 수 있습니다.

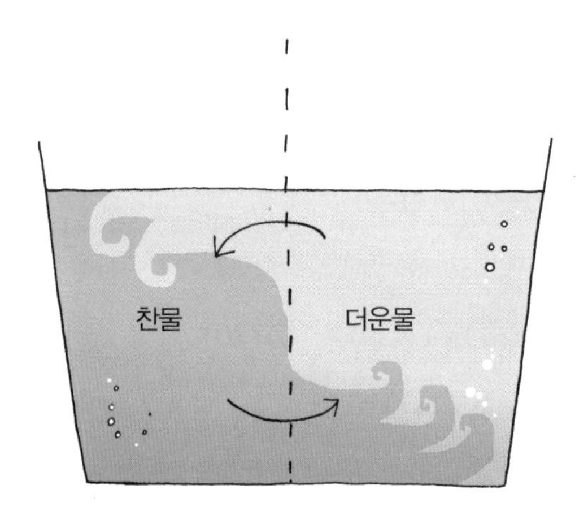

예를 들어 70도의 물 50그램과 30도의 물 50그램을 섞는 경우를 생각해 봅시다. 섞은 물의 온도는 50도가 됩니다. 왜 그럴까요?

먼저 두 가지 물을 섞은 후의 온도가 얼마나 되는지를 모른다고 가정해 봅시다. 뜨거운 물은 열을 방출하고 차가운 물은 그 열을 흡수합니다. 이때 뜨거운 물이 방출한 열량과 차가운 물이 흡수한 열량은 같습니다.

뜨거운 물은 온도가 70도에서 ○도로 변했지요? 그러므로 뜨거운 물의 온도 변화는 (70-○)입니다. 물의 비열은 1이므로 뜨거운 물이 방출한 열량은 다음과 같습니다.

1 × 50 × (70-○) = □ cal

한편 차가운 물은 온도가 30도에서 ○도로 올라갑니다. 그러므로 온도 변화는 (○-30)이 되지요. 물의 비열은 1이므로 차가운 물이 흡수한 열량은 다음과 같습니다.

1× 50× (○-30)= □ cal

두 열량이 같으므로

1× 50× (70-○)=1× 50× (○-30)

이 되고 양변을 50으로 나누면

70-○ = ○-30

이 됩니다. 이 식에서 ○를 구하면

○=50

이 됩니다.

그러므로 두 온도의 평균이 바로 섞은 후 물의 온도입니다.

열팽창

철사에 열을 가하면 길이가 늘어납니다. 철사가 뜨거워진다는 것은 열이 공급되었다는 의미이지요. 이렇게 열에 의해 물체의 길이가 늘어나는 것을 열팽창이라고 합니다.

왜 열팽창이 일어날까요? 뜨거워지면 분자나 원자의 움직임이 활발해지기 때문입니다. 즉 뜨거워지면 분자나 원자 사이의 거리가 멀어지기 때문에 분자나 원자로 이루어진 물질들이 길어지게 되지요.

열팽창의 공식에 대해 알아볼까요. 물질에 열을 공급하면 온도 변화가 생깁니다. 이때 늘어난 길이는 처음 길이에 비례하고 온도 변화에 비례합니다.

하지만 열을 똑같이 공급해도 잘 늘어나는 물질이 있는가 하면 그 반대의 경우도 있습니다. 이때 비례 상수를 열팽창 계수라고 하는데 이 계수가 클수록 열팽창이 잘 되는 물질라고 할 수 있어요. 따라서 열팽창의 공식은 다음과 같습니다.

(늘어난 길이)=(열팽창 계수)×(처음 길이)×(온도 변화)

열팽창은 일상생활에서도 자주 응용됩니다.

금속 뚜껑이 잘 열리지 않을 때 뜨거운 물을 부으면 뚜껑이 쉽게 열립니다. 이것은 금속 뚜껑이 열을 받아 팽창했기 때문입니다. 물론 유리병도 팽창하지만 유리는 금속에 비해 열팽창 계수가 작으므로 금속 뚜껑이 더 많이 팽창하여 틈이 생기게 되지요. 그래서 뚜껑이 쉽게 열리는 것입니다.

물의 팽창

고체와 액체 중에서는 액체가 더 잘 팽창합니다. 아주 무더운 날 자동차 기름 탱크의 휘발유가 넘쳐 흘러나오는 것은 바로 액체 휘발유가 고체인 탱크보다 팽창이 크기 때문입니다.

대부분의 액체는 온도가 올라갈수록 팽창하여 부피가 커집니다. 하지만 물은 이상한 방식으로 열팽창을 합니다. 물은 4도를 기준으로 팽창합니다. 4도 이상이 되면 온도가 올라갈수록 팽창하고, 4도 이하로 내려가면 다시 팽창을 하지요. 즉 물은 4도일 때 부피가 가장 작고 4도보다 커지거나 작아지면 부피가 커지게 됩니다.

부피가 작다는 것은 밀도가 크다는 것을 말합니다. 밀도는 물질의 질량을 부피로 나눈 값이라는 것을 앞에서 살펴보았을 거예요. 물은 온도가 4도일 때 밀도가 가장 큽니다. 좀 더 쉽게 말하면 그때 가장 무거운 물이 된다는 말이지요. 그러므로 온도가 4도인 물과 다른 온도의 물을 섞으면 온도가 4도인 물이 무거워 밑으로 가라앉게 됩니다.

보온병은 어떻게 온도가 유지될까요?

보온병에 물을 넣으면 왜 그 온도가 유지될까요? 그 비밀은 보온병의 구조에 있습니다. 보온병은 두 겹의 벽으로 되어 있는데 그 사이가 진공 상태입니다. 잘 알다시피 진공 상태에서는 열이 전달되지 않습니다. 또 보온병의 내부는 은으로 도금되어 있어 열이 계속 반사되기 때문에 그 온도가 항상 일정하게 유지되는 것입니다.

여름과 겨울 중 언제 운동하는 게 좋을까요?

여름은 몸이 잔뜩 움츠러드는 겨울에 비해 근육과 관절이 잘 움직이므로 운동 효과가 크지만 더위 때문에 수분이 빠져 나가고 체온이 올라가는 등 운동 중 사고가 일어날 가능성이 높습니다. 또한 체온보다 외부의 온도가 더 높을 경우에는 열을 밖으로 내보낼 수 없으므로 이럴 때는 운동을 하지 않는 것이 좋습니다.

열기구의 원리

열기구는 커다란 공기주머니의 아랫부분에 강한 불꽃을 쏘아 올리면 풍선 내부의 공기가 뜨거워지면서 밀도가 주위의 공기보다 작아져 위로 올라가는 성질을 이용한 것입니다.

열기구는 1783년 프랑스의 몽골피에 형제가 종이나 나무를 태워 얻은 뜨거운 공기를 종이주머니에 넣어 하늘을 날 수 있게 한 것이 최초이지요.

열역학 제1법칙

열과 역학적 에너지 사이의 관계를 다루는 물리학의 한 분야를 열역학이라고 부릅니다. 이 세상에는 많은 종류의 에너지가 있습니다. 운동에너지, 위치에너지, 화학에너지 등이 그 예이지요.

물질 속에도 여러 형태의 에너지가 있습니다. 물질 속에 있는 모든 에너지를 통틀어 물질의 내부 에너지라고 부릅니다.

따라서 열을 이용하여 움직이는 기관을 만들 수 있는데 이런 기관을 열기관이라고 합니다. 예를 들어 뜨거운 증기를 이용하여 움직이는 증기기관이 그 예이지요.

열역학 제1법칙은 열기관에 열을 공급했을 때 작용하는 법칙입니다.

열역학 제1법칙 : 열기관에 열을 공급하면 같은 양의 다른 형태의 에너지로 바뀐다.

물이 든 주전자를 가스레인지 위에 올려놓으면 잠시 후 물이 끓으면서 주전자 뚜껑이 들썩거립니다. 지금 여러분이 보는 주전자도 바로 열기관입니다. 이 주전자에는 물이 있고 뚜껑이 있습니다. 그리고 우리는 가스레인지를 이용하여 주전자에 열을 공급했습니다.

우리가 주전자에 공급한 열에너지는 물의 온도를 높이는 데도 사용되었지만 뚜껑을 위로 올리는 데도 사용되었습니다. 즉 여러 가지 형태의 에너지로 바뀌었지요. 여기서 물이나 주전자의 온도가 올라간 것은 물의 내부 에너지의 증가를 의미합니다. 또한 뚜껑을 올라가게 하는 것은 주전자가 한 일이라고 볼 수 있지요. 그러므로 열역학 제1법칙은 다음과 같이 나타낼 수 있습니다.

열기관에 공급한 열=내부 에너지의 증가+열기관이 한 일

따라서 주전자의 뚜껑을 손으로 눌러 올라가지 못하게 한다면 주전자와 물의 내부 에너지는 더욱 증가합니다. 즉 물이 더 빨리 끓게 되지요.

단열 과정

외부에서 열을 공급하지 않아도 기체가 팽창하거나 수축하면 온도가 변합니다. 이렇게 외부에서 열이 공급되지 않는 과정을 단열 과정이라고 합니다.

이 경우 열역학 제1법칙은 다음과 같습니다.

0=내부 에너지의 증가+열기관이 한 일

그러므로 열기관이 한 일이 (+)이면 내부 에너지의 증가가 (-)이므로 내부 에너지는 감소하고, 열기관이 한 일이 (-)이면 내부 에너지의 증가가 (+)이므로 내부 에너지는 증가합니다.

먼저 내부 에너지가 감소하는 경우를 살펴봅시다.

열기관이 팽창하면 열기관이 외부에 일을 하게 됩니다. 이때 열기

관이 한 일은 (+)가 되지요. 그러므로 내부 에너지 증가는 (-)가 됩니다. 열기관의 내부 에너지가 감소하므로 온도가 내려갑니다.

반대로 열기관이 수축하면 외부가 열기관에 일을 하게 됩니다. 이럴 때 열기관은 (-)의 일을 하지요. 그러므로 내부 에너지 증가는 (+)가 됩니다. 즉 열기관의 내부 에너지가 증가하므로 온도가 올라갑니다.

화학과 친해지세요

이 책을 쓰면서 좀 고민이 되었습니다. 과연 누구를 위해 이 책을 쓸 것인지 난감했거든요. 처음에는 대학생과 성인을 대상으로 쓰려고 했습니다. 그러다 생각을 바꾸었습니다. 화학과 관련된 생활 속 이야기가 초등학생과 중학생에게도 흥미 있을 거라고 생각했기 때문이지요.

초등학생과 중학생은 앞으로 우리나라가 선진국으로 발돋움하기 위해 꼭 필요한 과학 꿈나무들입니다. 그리고 지금과 같은 과학의 시대에 가장 큰 기여를 하게 될 과목이 바로 화학입니다.

하지만 지금 우리의 화학 교육은 직접적인 실험보다는 교과서를 달달 외워 시험을 잘 보는 것에 맞추어져 있습니다. 이러한 환경에서 노벨 화학상 수상자가 나올 수 있을까 하는 의문이 들 정도로 심각한 상황에 놓여 있습니다.

저는 부족하지만 생활 속의 화학을 학생 여러분들의 눈높이에 맞추고 싶었습니다. 화학은 먼 곳에 있는 것이 아니라 바로 우리 주변에 있으며, 잘 활용하면 매우 유용한 학문이라는 것을 깨닫게 되길 바랍니다.